홍릉과학출판사

개발자를 위한
드론 해부학

DECONSTRUCTING DRONES
for DEVELOPERS

Frenzel, Keyes, Nedev, Valerde 공저
진광식, 김상은 공역

DECONSTRUCTING DRONES

for DEVELOPERS

by Daniel Frenzel · Alex Keyes · Tihomir Nedev · Pepe Valerde

서 문
introduction

이 책은 누구를 위한 것일까?

이 책은 기술적인 관점에서 드론에 대해 알고 싶은 사람들을 위한 것이다. 이 책은 주로 제작자와 개발자를 대상으로 하지만 기술에 대한 열정을 가진 사람이면 어느 누구나 이 책을 읽을 수 있다.

이 책을 읽기에 앞서 당신이 알아야 할 필요가 있는 것은?

당신은 이 책을 위한 어느 특별한 지식을 필요로 하지 않는다. 그러나 이 책을 최대한 활용하려면 전자 및 프로그래밍에 대한 배경 지식이 필요하다. C로 작성된 몇 가지 코드 예제들이 있으나 이 책을 따라가기 위해 그 코드들을 전적으로 이해할 필요는 없다.

이 책은 무엇을 제공할 것인가?

이 책은 독자들에게 드론 생태계를 소개할 것이다. 이 책은 독자들이 드론들이 동작하는 방법과 드론들이 만들어지는 방법을 이해하도록 해주고 몇 가지 가능한 애플리케이션들을 보여준다. 이 책은 또한 법령 측면과 보안 문제들을 다룬다. 결국 독자들은 올바른 드론 구성요소의 선택, 드론 제작, 드론 튜닝과 프로그래밍을 포함한 그들 자신의 드론 애플리케이션을 위한 프로젝트를 시작할 수 있는 수단이 있어야 한다.

이 책의 저자들

Daniel Frenzel은 유럽 분자 생물학 연구소(EMBL : European Molecular Biology Laboratory)에서 박사과정 후 연구원에 있다. 그는 전자 장치들을 조립하고 펌웨어를 작성하는 것을 즐긴다. 네 다리의 로봇 착륙 기어(tetrapodic robotic landing gears)를 가지고 있고, 걷고 날 수 있는 로봇 장치인 멀티콥터를 그는 현재 만들고 있다. 그는 또한 신경망 라이브러리(neural network library)를 작성했었고 스크립팅 언어들로 프로토타이핑(prototyping)을 즐긴다.

Alex Keyes는 포드햄(Fordham) 대학교 FRCV 실험실의 연구원이고 Adept Technology(샌프란시스코에 있는 로보틱스, 비전, 자동화 제어 회사)에서 로보틱스 소프트웨어 기술자 인턴이다. 그는 언제나 컴퓨터를 사랑해왔고 프로그래밍의 발견은 더욱 그의 의욕을 고취시켰다.

Tihomir Nedev는 특히 모험적인 사업가이고 공학자이다. Flyver라는 드론 소프트웨어 회사의 공동 설립자이다. 그는 지난 2010년에 대학교 프로젝트로서 그의 첫 번째 드론을 만들었고 그 이후로 수십 개의 드론들을 추락시켰다. 그는 하드웨어와 최근 생겨난 기술들에 매우 관심이 많다. 그의 배후에는 또한 3D프린팅 회사가 있고 혁신적인 인공 손(prosthetic hand)이 있다.

Pepe Valverde는 기술에 대한 열정을 가진 정보통신 기술자이다. 전자공학과 프로그래밍에 대해 열정적일 때 그는 드론 생태계에서 배울 커다란 기회를 발견한다. 그는 매일 새로운 것들을 만들고 공유한다. 그는 여가 시간에 Ardupilot(오픈 소스 무인항공기 플랫폼) 오픈 소스 커뮤니티에 기여하는 것을 좋아한다.

차 례
Contents

CHAPTER 3 멀티콥터의 기본 구성요소

CHAPTER 4 고정익

CHAPTER 8 핵심 하드웨어

CHAPTER 1

드론의 소개

인간은 언제나 비행(flight, 날기)에 대해 매료되어 왔다. 우리는 항상 우리 자신이 하늘로 올라가 땅을 내려다 볼 수 있게 되는 꿈을 꾸었다. 아주 큰 비행기들과 헬리콥터들은 높은 곳에서 내려다 본 광경을 제공했으나 거기에는 많은 단점들이 있다. 비행기와 헬리콥터들은 크고, 비싸고, 게다가 이륙과 착륙을 위해 넓은 공간이 필요했다. 그런데 드론들은 전체 규모 비행 비용의 한 부분에 대해 동일하거나 그 보다 더 좋은 전망을 제공할 수 있다. 드론들은 이전에는 불가능한 비용으로 이전에 얻을 수 없었던 유리한 곳에서 볼 수 있는 기능을 사용자들에게 제공한다. 무인항공기시스템(UAS : Unmanned Aerial System)은 항공기 사용과 관련된 비용과 어려움을 극복하고 그 비용을 신속하게 줄이고, 진취적인 개발자들에게 새로운 기회를 창출한다.

1. 비행 드론(flight drone)은 무엇인가?

무인항공기시스템(UAS) 또는 무인항공기(UAV)로서 알려진 드론은 우리 사회에 점점 더 흔해지고 있다. 드론이 컴퓨터의 도움을 받거나 또는 수동으로 제어되는 비행을 하는 기계이든지 간에, 무인항공기시스템은 새로운 소프트웨어를 위한 거대한 시장을 만들었다. 소프트웨어 생태계는 드론들이 발견한 사용 사례만큼이나 다양하다. 작고, 가볍고, 집에서 만든 무인항공기시스템(UAS)을 조종하거나 경주하는 취미를 가진 사람들부터, 크고 무거운 카메라가 장착된 멀티로터를 조정하는 상업용 비디오제작자까지, 각 드론 조종사는 각기 다른 소프트웨어 요구사항들을 찾고 있다.

다행히도 무인항공기시스템(UAS)을 제어하는 데 도움이 되는 아주 많은 소프트웨어 라이브러리들과 시스템들이 있다. 일반적으로 무인항공기시스템(UAS)의 소프트웨어 제어 시스템에는 온보드(내장된) 소프트웨어와 지상관제소(지상관제센터, GCS)라는 두 가지 구성요소가 있다. 온보드 소프트웨어는 무인항공기시스템(UAS)에서 지상으로 정보를 송수신하는 것뿐만 아니라 비행의 모든 측면을 관리한다. 지상관제소는 무인항공기시스템(UAS)으로부터 전송된 메시지를 처리하고 모든 중요한 정보를 파일럿(조종사)으로 업데이트한 후 드론으로 메시지를 전송한다. 또한 지상관제소(GCS)는 조종사를 위해 드론에서 전송된 업데이트 즉, 지도상의 드론의 위치, 자세 표시기 및 배터리의 현재 전력 수준과 같은 모든 상태들을 지도 형태로 시각화한다.

두 시스템들은 무인항공기시스템의 핵심 백본을 구성한다. 탑재된 소프트웨어가 없이는 드론은 날지 않는다. 지상관제소가 없어도 무인항공기는 계속 비행할 수 있지만 주어진 순간에 어떤 일이 일어나고 있는지를 제어하고 이해하기는 것이 훨씬 더 어려울 것이다. 예를 들어, 대부분의 지상관제소가 제공하는 광범위한 웨이포인트(지상점) 설정 시스템을 사용함으로써 무인항공기시스템(UAS)은 무인항공기시스템(UAS)을 수동으로 조종하는 조종사가 결코 할 수 없는 지역을 효과적으로 정찰할 수 있다. 개발자는 여러 단계의 소프트웨어 기능을 활용하여 작업을 단일 소프트웨어 라이브러리로 추상화하고 드론을 여러 가지 활동적인 비행 시스템으로 사용할 수 있다.

2. 드론 소프트웨어 생태계

오픈 소스의 장점과 단점은 다음과 같다. 오픈 소스는 무료이며, 납땜이 필요하고, 완벽히 맞춰진 특정 하드웨어에 적합하지 않고 사용자 정의 가능, 오픈 소스에 대한 지원은 없다.

상표가 있는 소프트웨어의 장점과 단점은 다음과 같다. 플러그인 플레이가 가능하고, 무료는 아니며, 사실상 잠재적으로 상당히 비싸고 세밀한 지원이 있으며, 확장성은 특별한 하드웨어에 대해 잘 수행되지 않으며, 제한된 구성요소 추가 기능을 가지고 있다.

■ 상표가 있는 소프트웨어와 오픈 소스

어떤 소프트웨어와 마찬가지로 오픈 소스 또는 상표가 있는 소프트웨어를 사용하고 개발하는 이점에 대한 논쟁이 있다. 두 가지 논쟁에 대해 장점과 단점이 있기 때문에 각각의 새로운 프로젝트는 우선순위가 무엇인지 고려해야 한다. 대부분의 시장은 상표가 있는 소프트웨어를 사용하는 드론을 판매한다. 왜냐하면, 대부분의 고객은 제품에 대해 잘 알고 있는 회사의 지원을 받는 간단하고 효율적인 무인항공기시스템(UAS)을 찾고 있기 때문이다. 그러나 취미를 가진 대다수의 사람은 드론의 내부 작동을 자유롭게 손을 대도록 허용하는 오픈 소스 소프트웨어를 좋아한다. 일반적으로, 오픈 소스 소프트웨어는 뛰어난 확장성을 제공하며 모든 하드웨어에서 작동하도록 가상으로 구성될 수 있다. 이와 비해 상표가 있는 소프트웨어는 특정 하드웨어에서 최적으로 작동하도록 구성된 매우 안정적이고 일관된 사용자 경험을 개발자들이 만들도록 해준다. 사용자의 요구와 개발팀의 철학에 따라 두 가지 옵션은 모두 매력적일 것 같다.

■ ArduPilot(오픈 소스 : 무인항공기 플랫폼)

널리 사용된 내장된 제어 시스템은 오픈 소스 ArduPilot이다. 일반 공용 라이센스(GNU General Public License) 하에서, 사용자는 완전한 자율제어와 완전한 수동제어 및 그것들 사이의 모든 단계적 차이를 제공하는 하나의 패키지를 제공받는다. C++로 작성된 ArduPilot은 드론 비행 제어에 대한 오픈 소스 솔루션이다. 게다가, ArduPilot은 Dronecode 프로젝트(개방형 드론 OS 개발 프로젝트)의 일부로 ArduPilot은 무인항공기시스템(UAS)의 비행을 제어하고 관리하기 위해 작성된 오픈 소스 프로그램들의 모음 중 하나이다. Dronecode는 모든 무인항공기시스템(UAS)의 요구 사항에 맞는 탄탄하고 실용적인 오픈 소스 솔루션의 생성을 추구한다. Dronecode는 위치 유지(position hold, station keeping), 안전 모드(safe mode), 곡예 모드(acro mode)와 여러 가지의 다양한 모드들을 제공할 수 있다. 어떤 오픈 소스 프로젝트와 마찬가지로, ArduPilot은 보증을 제공하지는 않으나 대신에 계속적으로 특성을 추가하고 이슈를 해결하기 위해 함께 일하는 열정적인 개발자들의 커뮤니티에 의존한다. ArduPilot 프로젝트와 함께, Dronecode는 또한 Qgroundcontrol이라 부르는 오픈 소스 지상 통제 프로그램을 제공한다.

■ Qgroundcontrol(오픈 소스 : 무인항공기 지상관제소)

지상관제소는 무인항공기시스템(USA)의 자율기능이 만들어지고 사용되는 실제적인 장소이다. 드론에 내장된 소프트웨어는 드론의 자원을 관리하고 사용할 수 있다. MAVLink 프로토콜을 사용하여 Qgroundcontrol은 1개 또는 다수의 무인항공기시스템(USA)과 오픈 소스 통신을 할 수 있는 기능을 만든다. Qgroundcontrol 프로그램은 일련의 노드들로 나누어지고 각 노드는 서로 다른 작업을 처리한다. MAVLink와 OSI 레이어 모델들을 사용함으로써, 하나의 Qgroundcontrol 노드는 드론의 통신 방법에 관심을 가질 필요가 없으며 오히려 드론으로부터 들어온 정보를 어떻게 처리해야 하는지 관심을 기울일 필요가 있다. 예를 들어, 사용자는 측량 드론이 스캔하도록 하기 위해 웨이포인트를 설정하길 원할 것이다. Qgroundcontrol을 사용하여 스캔할 영역의 경계와 패턴을 표시한 다음에 드론은 미리 지정된 순서로 지정된 위치들을 탐색할 수 있을 것이다. 스캐닝 장치를 활성화하는 것은 하나의 MAVLink 객체를 만들고 Qgroundcontrol이 그 MAVLink 객체를 제어할 수 있는지 확인하는 것처럼 간단하다. 또한, 아직 추가되지 않은 새로운 특성을 만족시키기 위해 Qgroundcontrol의 확장 가능성은 개발자들이 새로운 노드들을 생성할 수 있는 플랫폼을 제공한다. Qgroundcontrol은 오픈 소스 소프트웨어인 Dronecode 모음의 기능뿐만 아니라 MAVLink의 힘을 잘 보여준다. 소프트웨어 작업 방법에 대한 자세한 내용은 Qgroundcontrol 개발자 안내서 www.qgroundcontrol.org/dev/start를 참조하라.

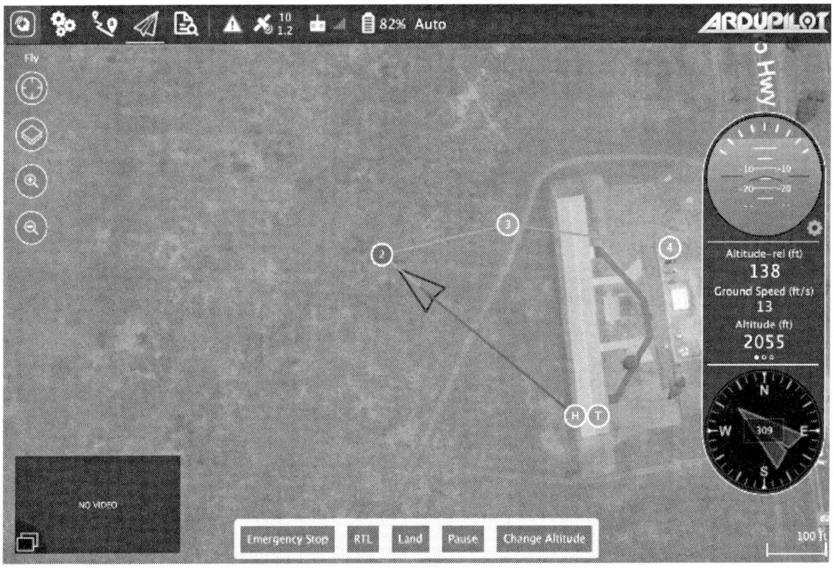

■ MAVLink(오픈 소스 : 무인항공기 통신 프로토콜)

MAVLink는 무인항공기시스템(UAS)과 통신하기 위한 프로토콜이다. MAVLink는 Micro Air Vehicle Link의 약어로, 사용자는 XML 파일을 통해 데이터를 게시할 수 있으며 그 XML 파일들은 다양한 프로그래밍 언어들을 위한 적절한 소스 파일로 변환된다. 더 적은 GNU 라이센스인 GNU LGPL (Lesser General Public License) 라이센스 하에 MAVLink는 2009년에 Lorenz Meier에 의해 발표되었다. MAVLink는 데이터를 모으기 위해 C 헤더 파일 라이브러리를 사용한다. Parrot 회사의 AR.Drone/Bebop 또는 3DR사의 Solo와 같이 널리 사용되는 상업용 드론들에서 MAVLink의 사용을 확인되었으며 위에서 언급된 것처럼 MAVLink는 Qgroundcontrol의 필수적인 요소이다.

3. 드론의 비행 모드들은 무엇인가?

각 드론 제어 시스템에는 조종사가 무인항공기시스템(UAS)에서 원하는 것을 정확하게 얻을 수 있도록 도와주는 몇 가지 기본 모드가 있어야 한다. 모드의 표준 목록에는 수동, 곡예(acro for short), 단순 비행 모드, 위치 유지, 고도 유지, 홈으로 복귀, 자동 착륙 및 기타 것들을 포함한다. 만일 당신이 ArduPilot과 같은 오픈 소스 시스템을 사용한다면 다른 모드를 만들 때 새로운 소프트웨어를 작성하고 테스트해야 할 것이다.

■ 매뉴얼(수동) 모드

수동 모드는 그 이름이 암시하는 것과 뜻이 같다. 그것은 내장된 소프트웨어가 사용자로부터 직접 입력을 받아 무인항공기시스템(UAS) 하드웨어에 명령으로 변환한다는 것을 의미한다. 일반적으로 수동 모드는 대부분의 무인항공기시스템(UAS) 조종사가 드론을 조종하는 방식으로, 하드웨어에 직접 명령을 가능하게 해준다. 새로운 조종사들이 그들의 드론 제어를 익히도록 돕기 위해 다른 자동항법장치들(autopilots, 자동비행장치로, 항공기의 자세를 안정화하고 상승 및 선회 등을 제어하며, 항법 장치에서 위치 정보를 받아 자동적으로 항공기를 조종해 목적지까지 비행시키는 기능을 가짐)은 수동 제어의 여러 수준들을 제공한다. 반 수동 모드의 좋은 예는 ArduPilot의 단순 모드이다. ArduPilot의 단순 모드를 사용하면 드론의 방향과 상관없이 드론을 자신의 위치와 관련하여 제어할 수 있다. 이와 같은 반 수동 모드와 수동 모드는 학습 곡선을 줄이고 새로운 조종사가 비행에 쉽게 더 접근할 수 있도록 도와준다.

■ 곡예(Acro) 모드

곡예(acro) 모드는 가장 진보된 제어 방법으로 간주된다. 곡예 모드에서 사용자가 조종기의 스틱을 가운데로 돌려 놓더라도 드론은 수평 비행으로 돌아가지 않는다. 곡예 모드는 보다 고급 수준의 조종사가 프리 스타일 드론 비행뿐만 아니라 드론 레이싱에서 볼 수 있는 놀라운 재주를 부리도록 도움을 준다. 그러나 전문가 조종사도 여전히 실수를 저지른다. 그리고 만일 당신이 곡예 비행 모드를 사용하는 것이 편한 경우에는 충돌이 조금 더 빈번히 발생할 것을 예상해야 한다.

■ 고도 유지(altitude hold) 모드

고도 유지는 무인항공기시스템이 고도를 급격히 변경하는 것을 막아준다. 고도 유지는 무인항공기시스템이 2차원 평면에서 더 쉽게 이동하도록 허용해준다. 고도 유지는 드론 조종자가 무인항공기시스템의 고도를 끊임없이 관리하는 것으로부터 벗어날 수 있으므로 고도 유지는 반자동 항해중에 더 빈번히 사용된다.

■ 위치 유지(position hold)와 로이터(loiter) 모드

로이터 모드와 위치 유지 모드는 둘 다 조종사가 조정 장치를 건드리지 않고 드론을 동일한 장소에 유지할 수 있게 한다. 로이터와 위치 유지 모드 사이의 주요한 차이점은 위치 유지 모드가 사용자에게 수동 스로틀 제어를 허용한다는 것이다. 정확한 GPS, 낮은 진동과 낮은 자기 간섭은 양호한 위치 파악 및 로이터 성능 향상에 모두 중요하다.

■ 홈으로 복귀(return to home)와 자동 착륙(automatic landing) 모드

홈으로 복귀 모드는 무인항공기시스템(UAS)이 이륙한 지점으로 자동으로 뒤돌아 가도록 해준다. 홈으로 복귀 모드는 자동 착륙 모드와 함께 종종 사용된다. 이러한 두 개의 모드들은 무인항공기시스템이 지정된 착륙 지대에 되돌아가도록 자체적으로 안내한다. 많은 무인항공기시스템 사용자들은 페일세이프(파손 안전)로서 이러한 모드를 이용한다. 참고로, 페일세이프란 드론의 구조 요소 일부에 파손이 발생해도 드론 전체의 안전성을 유지하여 드론을 안전하게 착륙시킬 수 있도록 하는 구조 설계 방법을 의미한다(네이버 지식 백과). 예를 들면, 컴퓨터가 특정 지점을 지나서 배터리 방전을 감지할 때 홈으로 복귀 모드가 자동적으로 활성화될 것이다.

CHAPTER 2

드론 조립을 위한 하드웨어

어느 소프트웨어 프로젝트에서든, 프로그램에 대한 양질의 오퍼레이션은 양질의 하드웨어에 의존한다. 드론의 하드웨어 고장이 지상으로 곤두박질 친다는 것임을 특히 고려하면 무인항공기시스템도 다르지 않다. 드론에 관한 설정 방법을 아는 것은 중요한 기술이다. 드론의 설정은 드론의 각 구성요소와 그 구성요소들이 수행하는 것을 이해하는 데 크게 기여하기 때문이다. 단지 올바른 도구들이 드론 제작을 위해 사용된다면 드론을 제작하는 것은 놀랍게도 쉬우며 컴퓨터를 제작하는 것과 유사할 수 있다. 드론 제작을 위한 기본 도구들의 목록을 아래에 볼 수 있다.

1. 앨런 볼트용 렌치 세트(Allen Key Set)
2. 나사 드라이버 세트(십자 홈과 표준 나사못 대가리를 포함하여)
3. 납땜용 인두(Soldering Iron)
4. 철사 절단기(Wire Cutters)
5. 펜치(Pliers)
6. 만능 칼(Utility Knife)

7. 전기용 테이프(Electrical Tape)

8. 가위(Scissors)

또한 이 장의 끝에서 더 완벽하게 제시된 도구들의 목록을 발견할 수 있다. 일단 작업공간을 깨끗이 청소하면 당신은 드론 제작을 시작할 준비가 된 것이다. 다음 절들은 프레임으로 시작하여 각 부분에 대한 명확한 설명과 함께 무인항공기시스템을 제작하기 위해 필요한 다양한 하드웨어 구성요소에 대해 기술한다.

1. 드론의 구성요소들은 무엇인가?

형태적 요인과 의도된 목적에서 급격한 차이가 있음에도 불구하고 모든 드론들은 몇 가지 공통적인 구성요소(컴포넌트)들을 공유한다.

- 프레임(Frame)
- 전원 공급 장치(Power Supply)
- 모터(Motors)
- 스로틀(Throttle)
- 프로펠러(Propellors)
- 송신기(Transmitter)
- 비행 컨트롤 보드(Flight Control Board)

이러한 모든 요소들은 많은 작업을 완수하는 안정적인 비행 플랫폼을 완성하기 위해 서로 협력하여 동작한다. 당신은 가장 흔한 드론인 멀티로터 무인항공기시스템을 위한 표준 설정을 보여주는 다이어그램을 다음에 볼 수 있다.

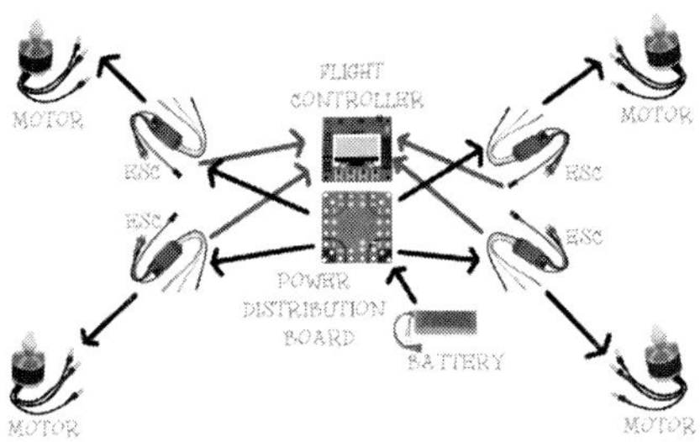

이 다이어그램은 멀티로터의 필수적인 부분들을 보여주는 개략도이다. 프레임의 중앙은 비행 컨트롤러만 포함하는 반면에 암 쪽 부분에는 각각의 ESC(전자변속기, Electronic Speed Controls)와 모터가 모두 포함되어 있는 것에 주목하라. 비행 컨트롤러는 모든 4개 모터들과 연결되고 각 모터가 원하는 명령어들을 실행하도록 능동적으로 관리한다. 그 명령어들은 내장된 프로세싱(onboard processing)에서 또는 지상의 사용자로부터 들어온다. 비행 컨트롤러는 드론의 현재 위치와 자세를 정확히 이해할 수 있도록 다수의 여러 센서들로 확장될 수 있다. 이 처리(즉, 드론의 현재 위치와 자세를 알아내는 것)는 성공적인 드론 운전에 매우 중요하다.

2. 프레임

드론의 이상적인 프레임(뼈대, 틀)은 단단하고 가벼워야 한다. 프레임의 단단함은 모터 진동 효과를 최소화하는 데 매우 중요하다. 이상적인 프레임의 두 번째 특징은 모터 암(arm)들의 길이이다. 만약, 큰 프로펠러들의 사용을 계획하고 있다면 드론의 블레이드(날개)들과 다른 구성요소들 사이의 거리가 떨어져 있어야 한다. 진동 때문에 드론의 어떤 구성요소들은 프로펠러들을 건드리는 게 빈번히 일어난다. 카본 프로펠러들은 전선과 더 부드러운 재질들을 쉽게 절단한다. 그러니 드론을 제작하는 동안에 이 점을 명심해야 한다.

■ 목재(wood) 프레임

목재는 낮은 가격의 콥터들을 위해 온라인 포럼(토론회, forums)에서 자주 제안된다. 목재는 인장 강도로 측정되어 가볍지 않고 또한 단단하지 않다. 이러한 단점들을 보완하기 위해, 사람들은 더 두꺼운 나무 조각을 사용하거나 기계적으로 덜 부담이 되는 콥터의 부품에 목재를 사용한다. 목재의 유일한 장점은 가격이다. 당신이 내구성에 대해 신경쓰지 않고 테스트용 목재 프레임을 만들려고 한다면 괜찮다. 이 재질(목재)은 일반적으로 테스팅을 위해서나 최대한 저렴하게 멀티로터 제작을 하기 위해 사용된다. 어떤 전문 드론들에서도 목재 재질은 찾을 수 없고, 일반적으로 어떠한 사용예로도 이 목재 재질을 추천하지 않는다.

■ 강화 섬유 유리(fiber glass enhanced) 프레임

더 작고 중간 크기(12 kg 이하)의 멀티콥터 프레임들에서 섬유 유리(유리를 잡아 늘려 극단적으로 가늘게 한 인조 섬유)는 매우 흔하다. 섬유 유리는 섬유 유리들을 내포한 물질의 인장 강도를 향상시킨다. 이러한 합성물은 동일한 크기의 카본요소들보다 무겁고 덜 단단하다. 그러나 섬유 유리 합성물은 카본보다 강한 착륙이나 충돌에서 견뎌낸 것으로 널리 알려져 있다. 게다가, 섬유 유리 합성물은 가능한 한 어떤 모양으로도 생산할 수 있다. 반면에 카본 프레임 구성요소들은 일반적으로 판과 튜브들로부터 조립되어 사용한다.

Hoverthings과 같은 어떤 제조사들은 일부 그들의 프레임들을 위해 높은 내구성으로 최적화된 1 cm CNC(컴퓨터 수치 제어, computer numerical control) 가공 섬유 유리 암을 이용한다. Hoverthings 드론 부품 제조 회사에 대해서는 다음의 웹 사이트를 참조하라. http://hoverthings.com.

■ 카본 기반(carbon based) 프레임

카본(탄소)은 매우 가볍고 단단한 물질이다. 400 mm보다 큰 긴 모터 암에 대해서도 프레임 무게를 낮추는 데 카본이 도움을 주기 때문에 더 큰 콥터의 경우에 매우 인기 있다. 그러나 와이딩(windings)의 모양, 섬유에 착탄화(carbonization, 탄화층을 만드는 과정) 사이클 수, 물질의 두께에서 품질 차이가 있다. 드론을 구입하기 전에 프레임을 점검하는 것이 이상적이다. 그렇지만, 널리 알려진 드론 딜러들은 내구성이 있는 카본 프레임을 판매할 것이다.

■ 알루미늄(aluminium) 프레임

알루미늄 기반 프레임들은 드론 조립을 위한 흥미 있는 옵션이다. 알루미늄을 사용하는 대부분의 키트(조립용품 세트)의 가장 큰 문제는 알루미늄(최소한 알루미늄 합금)이 사고 시, 또는 너무 큰 힘이 부품 요소에 가해져 구부러지는 경향이 있다는 것이다.

■ 폴리스티렌(polystyrene) 프레임

나는 폴리스티렌 기반 프레임의 사용을 강력히 권장하지 않는다. 폴리스티렌은 불과 많은 용제(solvents, 솔벤트)에 매우 민감하다. 게다가, 폴리스티렌은 기계적으로 약하다. 폴리스티렌 부품 위에 더 무거운 구성요소를 올려놓으면 그 부품이 부러지기 때문에 위험하다. 그러한 제작은 잠재적으로 아주 위험하다. 비교적 큰 폴리스티렌 프레임 위에 작고 가벼운 구성요소(모터, 프로펠러 등)들을 두는 것이 기계 고장의 위험이 없을지라도(폴리스티렌이 약한 물질이기 때문에), 조종하는 동안 재미를 감소시키는 공기 저항을 느낄 것이다.

3. 전원 공급 장치(Power supply)

모든 엔진은 연료를 필요로 한다. 몇몇 큰 무인항공기시스템들은 더 긴 비행시간과 더 효율적인 급유를 제공하는 가스나 디젤 항공 엔진들을 사용한다. 군용 무인항공기시스템 설계는 다른 군용 항공기의 것보다 더 비교할 만한 성능을 가진 시스템을 제공하기 위해 심지어 제트 엔진을 포함할 수 있다. 그러나 대다수의 무인항공기시스템은 리튬 폴리머 배터리(lithium polymer battery)를 사용하는 소규모 로터 날개들을 가진다. 리포 배터리(리튬 폴리머 배터리를 축약한 이름)는 무게와 전력 출력/충전 사이에 최적의 균형을 제공한다.

■ 리포 배터리의 이해

리포 배터리는 전하를 운반하는 다수의 폴리머(중합체, 고분자) 세포들로 구성된다. 주머니 내부에서 이러한 세포들이 함께 연결된다. 리포 배터리의 셀들은 적절한 전력 출력과 비교적 빠른 충전을 유지하는 반면에 무게가 가볍고 약간의 유연성을 허용한다. 리포 배터리들은 RC 세계에서 매우 인기 있으며 핸드폰에서 전기차까지 거의 모든 배터리 전원 장치들에서 리포 배터리들을 발견할 수 있다. 하나의 주어진 무인항공기시스템을 위해 리포 배터리를 판단하는 파라미터들의 이해는 올바른 배터리를 구입하는 데 매우 중요하다.

리포 배터리는 모든 다른 배터리들과 마찬가지로 표준에 따라 취급된다. 이러한 배터리 표준들에는 리포 배터리의 전압(또는 셀 개수), 배터리의 방전율(또는 C rating)과 배터리 용량들이 있다. 각각의 이러한 척도들은 무인항공기시스템의 성능에 유일하게 영향을 끼친다. 예를 들어, 더 무거운 카메라 장착 드론은 레이싱을 위해 계획된 더 작은 드론의 속도와 민첩함을 추구하지 않을 것이다. 카메라 장착 드론과 레이싱 드론이 서로 다른 종류의 모터들을 가지고 서로 다른 성능 표준들로 유지되기 때문에 이러한 드론들에 사용되는 배터리들은 서로 다를 것이다.

전압/셀 개수 :

모터들이 회전할 수 있는 최대 비율을 제어하기 때문에 전압은 무인항공기시스템에 매우 중요한 척도이다. 브러시리스(브러시가 없는) 모터들은 kv(kilovolt, 전압 당 회전수)로 평가된다. 이것은 하나의 모터가 3,500 kv로 평가된다면, 그 모터에 적용된 모든 전압에 대해 3,500 rpm으로 회전한다는 것을 의미한다. 그래서 3,500 kv 등급을 가진 모터에 적용된 7.4 V(전압)으로 평가된 배터리는 25,900 rpm(7.4V * 3500 kv)으로 회전할 것이다. 근본적으로, 당신이 더 높은 전압을 가지면 가질수록 드론은 더욱 더 빨리 날 것이다.

각 리포 셀의 명목상의 전압은 3.7 V이다. 전형적으로 리포 배터리들은 한 개 이상의 셀을 포함한다. 이것은 배터리의 전체 전압을 얻기 위해서 두 개 셀의 전압을 함께 더한다는 것을 의미한다. 예를 들어, 3.7 V + 3.7 V = 7.4 V이기 때문에 두 개 셀을 가진 배터리는 7.4 V를 가진다. 또한, 당신은 어떤 사람이 S 측면에서 리포 배터리에 대해 말하는 것을 들었을 것이다. S는 직렬연결을 의미하고 2S 배터리는 단지 두 개의 직렬 연결된 셀들을 의미한다. 하나의 배터리에서 셀들의 수는 보통 배터리의 무게에 의해 제한된다. 하나의 배터리가 더 많은 셀을 가지면 가질수록 그 배터리는 더 높은 전압을 가지겠지만 또한 더불어 많은 무게가 무인항공기시스템에 추가된다.

용량(CAPACITY) :

어느 운송수단에서, 연료 용량은 항속시간(endurance, 항공기가 탑재연료로 비행을 계속할 수 있는 시간)에 가장 중요한 척도이다. 어떤 임무의 달성을 위해 비행중이든지 간에 모터들의 회전 시간이 많을수록 드론은 공중에 더욱 더 오래 머물 수 있다. 리포 배터리들의 용량은 miliamps 또는 mAh(1 Ah는 3,600 쿨롱과 동일하며 이는 1초에 1 암페어로 전송되는 전하량. 1 mAh는 1 Ah의 1/1000임. mAh는 스마트폰 배터리 용량 표시 단위로 사용됨.)로 측정된다. 어느 미터 환산과 같이, 1000 mAh(밀리암페어시)는 1 Amp(암페어)와 같다. 일반적인 배터리 용량은 대략 5,000 mAh쯤이나 더 큰 배터리들은 12,000 mAh 이상에 도달할 수 있다. 더 큰 배터리 용량을 가지는 것이 분명한 선택처럼 들릴 수 있는 반면에, (무게와 시간의 영향으로 열 축적이 일어날 수 있다.) 배터리 용량이 클수록 작은 용량을 가진 배터리들에 비해 훨씬 더 무겁고 또한 과열 될 수 있다. 높은 용량의 배터리가 권고되는 온도 내에서의 동작은 배터리의 지속성과 안전한 오퍼레이션에 매우 중요하다.

방전율(DISCHARGE (C) RATING) :

방전율(discharge, 전지의 정격용량을 사용 완료하는 속도)은 배터리 부족으로 인한 최대 성능을 보증하기 위해 중요하다. 컴퓨터에 대한 전력 공급 장치처럼, 드론이 이륙할 때와 같이 드론의 구성요소(컴포넌트)들이 더 많은 전력을 필요로 할 때 배터리는 더 높은 출력의 방출뿐만 아니라 일관적인 전기의 흐름을 제공해야 한다. 배터리 전력 출력의 측정법을 C라고 부른다. 이 단위는 주어진 배터리로부터 안전하게 끌어낼 수 있는 현재 최대 전류량에 대한 추상적인 표현이다. 어느 배터리의 방전율이 C rating을 초과한다면 배터리가 더 빨리 저하되거나 최악에는 발화로 반응한다. C rating이 변수로서 배터리의 mAh 용량을 사용하는 단순 공식으로부터 유도

되었기 때문에 C rating으로 측정되는 방전율은 배터리 전압과 배터리 용량의 측정법에 비해 약간 더 혼동된다. 예를 들어, 배터리가 C 용량이 20 C이고 5,000 mAh(5A mps)이면, 5 A × 20 C = 100 A이므로 5,000 mAh 20 C 가진 용량의 배터리는 순간 전류가 100 A 정도 흘러도 버텨 줄 수 있다는 의미이다. 5000 mAh 배터리가 1 C를 뽑는다면 1시간 사용할 수 있고, 0.5 C를 뽑는다면 2시간 사용할 수 있고, 2 C를 뽑는다면 30분 사용할 수 있고, 10 C를 뽑는다면, 6분 정도밖에 사용할 수 없다. 다른 예를 들면, 1000 mAh 1 C의 배터리는 1 A × 1 C = 1 A 전류를 전압이 떨어지지 않고 1시간 방전할 수 있다. 만약 1000 mAh 10 C의 배터리는 1 A × 10 C = 10 A 전류를 6분 정도 방전할 수 있다. 이 계산은 1시간의 1/10이므로 6분으로 계산된다. 방전율이 높으면 높을수록 유지 시간이 짧아진다. 큰 물통에 수도꼭지가 달려있다고 생각하면 이해하기가 쉬울 것이다. 배터리 용량(mAh)은 물통 전체크기, 방전율(C)은 수도꼭지 입구 크기로 이해하라.

■ 모터(Motors)

모터들이 없다면 무인항공기시스템은 날 수 없을 것이다. 브러시리스(브러시가 없는) 모터는 당신이 드론 제작을 위한 출발점이다. 그 전체 기계(드론)는 모터들과 프로펠러들의 조합으로 완전히 공중에 계속 유지될 것이다. 최적의 비행 시간을 위해 모터들, 프로펠러들, 전체 구조물의 무게에 대한 균형점을 찾는 것이 필요하다.

모든 전기 모터처럼, 모터는 베어링, 구리 배선, 자석들(더 작은 모터의 경우 네오디뮴 자석과 더 큰 모터의 경우 전자석), 고정자와 벨로 구성되고 이 구성요소들은 베어링으로 연결된다. 브러시리스 모터의 가장 중요한 특징들은 KV-rating(그리고 자석의 극에 개수), 무게, 0 또는 0이 아닌 부하 전류, 그 모터가 다룰 수 있는 최대 전류, 최대 전압이다. 이때, KV-rating

는 주어진 전압(KV는 kilovolt임)에 대한 모터의 회전력(rpm)을 의미한다. 다음에 이어지는 절에서, 이러한 용어들이 설명될 것이다.

KV-rating :

KV-rating은 모터의 전압과 속도를 함께 묶는다. KV-rating이 높으면 높을수록 이상적인 모터는 일정한 전압에서 더욱 더 빠르게 회전할 수 있다. 브러시리스 모터들은 자석들과 전선으로 구성된다. 자석의 수는 모터의 극의 개수를 정의한다. 하나의 모터가 가지는 극이 많으면 많을수록 그 모터 내부에서 전선이 감아지는 회전수는 더 크게 증가된다. 더 많은 전선을 감는 횟수는 더 큰 자기장을 생성한다. 그 자기장은 자석들(N과 S극의 수)과 상호작용하여 모터는 돌기 시작한다. 자기장이 더 강하다면, 그 모터를 가속화하는 힘은 더 커져서 정확한 형체가 없는 덩어리(예, 드론, 세탁기)를 더 빠르게 가속화시킬 수 있다.

더 낮은 KV-rating을 가진 모터들은 더 적은 극의 개수를 가진다. 극의 개수가 적다는 것은 일반적으로 더 굵은 전선을 사용할 더 많은 공간이 있다는 것을 의미한다. 그에 반해서, 더 높은 KV-rating과 더 많은 극의 개수를 가진 모터들은 작은 공간을 가져서 더 얇은 전선을 사용해야 한다. 절연체가 퇴화를 시작할 때까지 전선이 뜨거워지기 때문에 전선의 두께는 그 전선을 통과해 흐를 수 있는 최대 전류를 제한하며, 전선의 두께와 절연체의 품질은 쓰여질 수 있는 최대 전류를 제한한다. 이것은 낮은 KV 모터(즉, 낮은 KV-rating을 가진 모터)는 더 낮은 속도와 높은 전압으로 더 큰 프로펠러를 돌리도록 설계된다는 것을 의미한다. 그리고 높은 KV 모터(즉, 높은 KV- rating을 가진 모터)는 높은 속도와 높은 전류로 작은 프로펠러들을 회전시키도록 설계된다. 물론 이러한 높고 낮음은 부하 상태에 의존한다. 단지 경험에 근거한 규칙으로서, 이 설명을 이해하라.

최대 전류와 무 부하 전류(zero-load-current) :

최대 전류 정격은 '각 전기 장치가 고장이 날 때까지 전류 제한을 가지는 것'을 의미한다. 무 부하 전류란 용어는 모터의 손상을 정의한다. 그 용어는 어느 부하가 없는 모터의 전류 유입을 기술한 것이다. 도체의 품질, 모터의 최대 무게 등은 이용 가능한 공간에 대한 언제나 트레이드 오프(trade-off)가 존재한다. 전선이 얇으면 얇을수록 더 큰 저항과 큰 손실을 얻게 된다는 것을 의미한다.

이용 가능한 최소 무 부하를 가진 모터를 구입하도록 언제나 노력해야 한다. 그러나 제조사는 흔히 이러한 품질 보증 마크를 발행하지 않는다.

최대 전압(또는 셀의 수) :

이 용어(maximum voltage)는 모터를 파괴하지 않고 적용할 수 있는 최대 전압을 기술한 것이다. 어떤 출력 수준으로 전류 유입을 감소시키고 콤터의 직류 모터 연결선에서 자기장의 세기를 감소시키기 위해 사용자들은 흔히 더 높은 전압을 사용할 것이다. 이것은 콤파스 왜곡(후에 이것을 더 많이 기술함)을 감소시킬 수 있다. 불행하게도 거기에는 제한이 있다. 대부분의 사람들은 배선에서 절연체의 두께에 의해 전압이 제한된다고 생각하지만 최대 전압은 오히려 최대 전력을 제한하기 위해 제조사에 의해 정의된 임의의 숫자이다. 이론상으로, 당신이 온도와 전류 유입을 계속 지켜본다면 제시된 것보다 훨씬 높은 전압을 사용하게 된다.

■ ESCs(전자 속도 제어, Electronic Speed Controls)

전자 속도 제어기(전자변속기)인 ESC는 당신의 무인항공기시스템(UAS)을 위한 스로틀(엔진 조종 레버, throttles)로서의 기능을 한다. ESCs는 제어 논리 보드로부터 온 명령어들을 모터에 전달한다. ESCs는 리튬 폴리머 축

전지 같은 DC(직류) 모터 에너지원으로부터 교류양성 구형파를 생성한다. 전형적으로 브러시리스 모터들은 모터에 동력을 공급하기 위해 3상 케이블을 이용한다. 각 상의 신호는 시간차로 이동된다. 매 시간에, 하나의 상은 낮고, 하나의 상은 높고, 하나는 부동 상태에 있을 것이다. 각 상은 모터의 어떤 부분에서 전류 흐름을 제어(스위치 켜짐/꺼짐 또는 일시적 상태인 '부동')한다. 모든 상의 신호가 시간에 따라 교류하기 때문에 스위치 켜짐과 꺼짐 또는 부동 상태를 가진 모터 영역은 센터 주위를 돈다. 그 결과, 모터는 돌 것이다. 그 모터의 회전 방향은 그 상들을 교환함으로써 단지 뒤집어질 수 있다.

ESCs를 구입할 때, 신경써야 할 주요 포인트는 스위칭 주파수, ESCs의 무게와 최대 전류 정격(the maximum current rating, 최대 운반할 수 있는 전류량)이다. 모터처럼 권고되는 전류 정격을 초과하여 사용된다면 ESCs는 가열되고 고장이 날 수 있다. 어느 ESC 고장을 피하기 위해, 평균 사용 전류에 대한 평균값과 그 값에 더 50%를 더하라. 이것은 가장 극단적인 전력 요구에서 조차 ESCs가 과열되지 않을 것임을 보증할 것이다.

예를 들어, 당신의 콥터가 모터 당 20 A를 소모할 것이면 적어도 30 A짜리 ESCs를 구입하라. 콥터들은 일반적으로 보통 하드웨어에 즉각적으로 해롭지 않은 훨씬 높은 부하 상태를 단지 짧은 시간동안에 이르게 된다. 그리고 사람들은 비행 시간을 향상시키기 위해 공간과 무게를 절약하길 원한다. 덧붙여서, 우리는 높은 전압 내성(6 S에서 10 S)을 가진 높은 품질의 ESCs를 구입하길 권장한다. ESCs가 더 높은 전압에서 작동함으로써 전류량을 감소시키는 것은 열 스트레스를 줄여준다. 불행히도 그러한 하드웨어는 고가이다.

■ 프로펠러(Props)

프로펠러들이 없는 무인항공기시스템은 돌과 같다. 불행하게도 프로펠러는 사람들이 돈을 절약하는 첫 번째 부품일 것이다. 그러나 프로펠러의 품질은 그 가격에 따라 좋아지기 때문에 이것은 잘못된 판단이다. 값싼 프로펠러는 큰 거래가 될 것 같고 아마 당신은 잠시 동안 기쁘게 비행할 것이다. 그러나 조만간 당신의 값싼 프로펠러가 갑자기 조각나게 될 것이고, 망가진 값싼 부품 때문에 당신의 드론은 결국 손상될 수도 있다. 우리는 당신이 여기서 돈을 절약하는 것을 권하지 않는다. 서로 다른 제조사들이 파는 프로펠러들은 재질, 지름, 그리고 피치(Pitch)와 같은 보통 3가지 평가기준 용어들을 가진다. 그러나 프로펠러들이 일반적으로 깨어지는 첫 번째 것이기 때문에 충돌에 대비하기 위해 어느 조종사나 다수의 프로펠러 예비품을 가지고 있어야 한다.

■ 트랜스미터(Transmitters, 송신기)

어느 무인항공기시스템과 통신하기 위한 다양한 방법은 범위가 WiFi를 이용하는 것으로부터 핸드폰 신호, 2.4 Ghz 무선 신호와 다른 433/900 Mhz 무선 신호를 이용하는 것까지 있다. 각 방법은 각각의 소유한 장점과 단점을 가지고 있으나 일반적으로 초보자들은 2.4 Ghz 무선 주파수 호핑(hopping) 송신(참조, 주파수 호핑 시스템은 송신되는 정보의 샘플링 레이트와 같거나 그보다 낮은 비율에서의 송신 주파수의 스위칭을 사용함. 네이버 지식백과)을 고수하길 추천한다. 이러한 무선 주파수들은 가장 신뢰할 수 있는 연결을 제공하고 설정이 가장 손쉽다. 드론으로부터 들어오는 컨트롤과 비디오를 위해 당신이 비디오 트랜스미터와 컨트롤 트랜스미터를 둘 다 필요로 할 것임을 명심하라. 다른 중요 고려사항은 반드시 두 트랜스미터들이 서로 다른 주파수에서 작동하고 있는 것을 보증하는 것이다. 만일 비디오와 컨트롤 사이에 신호 크로스오버가 있다면 둘 다 작동하지 않거나, 최악의 경우에는 비행하는 동안 컨트롤 또는 비디오를 손실할 때까지 작동하고 충돌을 일으킬 것이다.

초보자들을 위해서, 우리는 당신이 링크 범위와 지연속도가 제한되고 신뢰성이 나쁘기 때문에 WiFi 또는 3/4G로 통신을 시작하는 것을 적극적으로 말린다.

또한, 트랜스미터를 살 때 고려해야 하는 채널 수가 있다. 현대의 RC 트랜스미터들은 약 6채널에서 18+ 채널까지를 그 범위로 한다. 대부분의 초급 단계 사용자들은 약 6채널 이상의 사용을 발견하지 못할 것이나 고급 사용자들은 착륙 장치와 다른 부속품과 같은 것들을 제어하기 위해 다수의 채널들을 이용할 수 있다. 또한, 더 고급 수준의 트랜스미터들은 각 무인항공기시스템을 위해 입력을 특별히 조정하도록 돕는 내장된 컴퓨터들을 가진다.

■ 소음 감소(Noise reduction)

좀 더 조용한 드론들은 개인과 공용 조종사들 모두에게 더욱 더 중요해지고 있다. 배터리로 움직이는 드론에서 소음을 생성하는 두 개의 부품들이 있다.

1. 프로펠러
2. 모터

무인항공기시스템 작동 소리의 대부분은 프로펠러가 움직임으로써 일으키는 공기마찰에 의해서 발생한다. 그래서 논리적으로 좀 더 조용한 드론 작업을 시작할 첫 번째는 프로펠러(**줄여서 프롭이라고도 부름**)이다. 프로펠러 밸런싱(하나의 프로펠러를 수직과 수평으로 놨을 때 좌우 무게 균형 잡기)을 유지하는 것이 데시벨 수준을 낮추는 가장 큰 단계이다. 프로펠러 밸런싱을 잡으려면 프로펠러를 점검하여 날개의 한쪽이 더 무거운 날(프로펠러의 날개)이 없는지 확인이 필요하다. 불균형한 프로펠러들은 나쁜 비행영역선도(flight envelope는 비행체의 비행활동에 대한 도면상의 선형 그림으로 '비행영역선도'라고 함. 네이버 지식백과), 불안전한 비행, 소리가 더 큰 비행과 더 많은 문제점들을 발생시킨다. 이것은 멀티로터 무인항공기시스템에 대해서도 필수적인 것이다. 또한, 앞쪽 가장자리를 가능한 가장 부드럽고 가장 날카롭게 하기 위해 프로펠러를 자유롭게 사포로 연마하는 것은 소음을 감소시키는 것을 도울 것이다. 더 큰 블레이드는 드론이 계속 날도록 하기 위해 마구 휘돌게 되는 공기가 적음을 의미하기 때문에 더 천천히 움직이는 더 큰 블레이드는 또한 소음을 감소시키는 것을 도와 줄 것이다.

4. 추가적인(외부적인) 센서

■ GPS

위성항법시스템(GPS) 모듈은 드론을 위한 매우 효과적인 자원이다. GPS는 신호가 서로 다른 위성으로부터 여행하는 데 걸리는 시간을 측정함으로써 당신의 드론 위치를 측정한다. 다년간 이용 가능한 유일한 위성 배치는 미국의 GPS이었으나 최근에 러시아의 GLONASS처럼 이용 가능한 더 많은 네트워크들이 있다. 수신자들이 신뢰성과 성능을 향상시키는 더 많은 위성 신호들을 받을 수 있도록 하기 위해 일부 GPS 모듈들은 GLONASS를 이용할 수 있다. GPS와 GLONASS 네트워크 둘다를 지원하는 공통 모듈은 Ublox Neo 7N과 Ublox Neo M8N13이다.

GPS 모듈들은 비행 컨트롤러들에게 매우 정확한 위치를 주지 않을 것이다. 수신자와 이용 가능한 위성들에 의존하여, 그 정확한 위치는 3 m부터 5 m

(또는 그보다 더 나쁘게)까지 벗어날 수 있다. 그러나 GPS 모듈은 비행 컨트롤러에게 다음과 같은 몇 가지 흥미 있는 특징들을 주기에는 충분하다.

- **위치 유지** : 이것은 드론이 공중의 한 위치에 그 자신을 유지하고 바람에 의해 움직이는 외부적인 요소들에 대해 보상할 수 있는 것이 드론의 능력이다. GPS 없이 비행하는 드론들은 위치를 유지하기 위해 조종사로부터 입력을 항상 필요로 한다.
- **홈으로 복귀** : 이 특징은 드론이 이륙한 지점으로 자동적으로 되돌아가도록 한다. 이륙에 앞서 유효한 GPS 신호가 필요하므로 그 위치는 저장된다. 홈으로 복귀는 보통 컨트롤러로부터 신호 손실 시 또는 배터리 수준이 너무 낮게 떨어지는 사건과 같은 위급 상황에 보통 작동된다.
- **자율 비행** : GPS 덕택에 드론이 따라가는 웨이포인트(비행 경로를 나타내는 지리적 위치)들을 설정함으로써 자율 비행들이 생성된다. 이것은 비행 컨트롤러가 GPS 모듈로부터 만들 수 있는 가장 진보된 기능이다.

또한 GPS 모듈은 당신 드론의 고도에 대한 추정치를 제공할 수 있으나 이것은 오히려 부정확해서 기압계의 측정들을 고수하는 것이 좋다.

■ 콤파스(Compass, 나침판)

마그네토미터(magnetometers, 지구주위에 일정하게 남북으로 분포된 자장을 측정함으로써, 자북 방향을 기준으로 자세각을 측정하는 장치)라고도 불리우는 콤파스 센서는 자기력을 측정한다. 콤파스 센서는 드론들의 방위 정보(heading information)의 주요 근원이기 때문에 매우 중요하다. GPS가 진행 방향 정보도 줄 수 있음에도 불구하고, GPS는 특히 드론이 정지해 있거나 천천히 움직이고 있다면 콤파스처럼 신뢰할 수는 없다.

정확한 방위(heading, 항공기 등의 진로 방향, 기수 방위를 말함.)가 없다면 드론은 자동항법장치(Autopilot) 모드들(위치 유지, 홈으로 복귀 또는 자율 모드)에서 올바른 방향으로 이동하지 않을 것이고 공중에서 빙빙 돌거나 심지어 어디론가 날아가 버릴 수 있다.

어떤 비행 컨트롤러들은 콤파스 센서들을 통합(예를 들어, 픽스호크(Pixhawk))했으나 이러한 종류의 센서가 자기 간섭(magnetic interference)에 매우 민감하기 때문에 이러한 통합은 언제나 최선의 선택은 아니다. 배전판(power distribution board, 전원 분배 장치), 모터, ESC, 그리고 전선들은 모두 자기 간섭을 일으킬 수 있다. 그래서 멀티로터에서 특히 콤파스 센서를 하나 더 가지고 있기도 하다. 콤파스는 보통 GPS와 같은 동일한 보드에 함께 묶여진다. 이 GPS/콤파스 모듈은 안테나 기둥 위에 보통 장착되어 있다. GPS/콤파스 모듈이 안테나 기둥에서 하늘에 대한 명백한 시야를 가지고 모든 다른 장치들로부터 동떨어지게 된다. 콤파스들에 대한 매우 중요한 것은 콤파스들이 교정될 필요가 있다는 것이다. 콤파스 캘리브레이션(나침계 교정)은 당신이 처음 드론을 사용할 때 또는 프레임을 변경할 때 필수이다. 또한 특히 비행 상태가 변경된다면 가끔 콤파스 캘리브레이션을 수행하는 것을 추천한다. 여기서 비행 상태 변경 요인은 다른 장소, 강한 RF(무선 주파수) 소스 또는 자석에 근접하거나, 나쁜 날씨들이다. 부정확하게 조정된 콤파스들은 비행체가 멀리 날아가 버리는 데 최대 기여자이기 때문이다.

CHAPTER 3

멀티콥터의 기본 구성요소

당신이 드론 애플리케이션을 만들기 전에 드론의 기본 하드웨어와 그 하드웨어 부품들이 무엇을 하는지를 이해하는 것은 중요하다. 이 장은 모든 이러한 기본적인 것들을 다룰 것이다. 하나의 멀티콥터를 위해 필요한 하드웨어 조사를 시작하자.

1. 브러시리스 모터(Brushless motors)

브러시리스 모터는 당신의 드론을 제작하기 위한 기본이다. 그 전체 기계(드론)는 모터들과 프로펠러들의 조합으로 완전히 공중에서 유지될 것이다. 최상의 비행 시간을 위해, 모터, 프로펠러와 그 전체 구조물의 무게의 균형점을 찾아낼 필요가 있다. 모든 전기 모터처럼 모터들은 베어링, (구리) 배선, 자석(더 작은 모터인 경우에 네오디뮴 자석, 더 큰 모터인 경우에 전자석), 고정자와 벨로 구성된다. 그리고 이러한 구성요소들은 베어링에 의해 연결된다.

이 사진은 KDE Direct(https://www.kdedirect.com/)에서 출시된 모터를 보여준다. 왼쪽 부분은 코일의 중심부, 권선(전기 기기의 철심에 절연을 하여 감긴 구리 또는 알루미늄선의 코일)과 볼 베어링을 포함하고 있다. 오른쪽 부분은 영구 자석들(permanent magnets)과 막대를 포함하고 있다. 그 막대는 나중에 베어링의 내부에 자리 잡게 된다. 출처 : http://cdn.shopify.com/s/files/1/0496/8205/products/KDE3520XF-400_6_2048x2048.JPG?v=1443732381.

브러시리스 모터의 가장 큰 특징들은 KV-rating(그리고 자석의 극에 개수), 무게, 무 부하시 전류, 그 모터가 취급할 수 있는 최대 전류, 최대 전압이다. 다음에서 이러한 용어들을 설명할 것이다.

■ KV-rating

KV-rating은 모터의 전압과 속도를 함께 묶는다. KV-rating이 높으면 높을수록 이상적인 모터는 일정한 전압에서 더욱 더 빠르게 회전할 수 있다. 브러시리스 모터들은 자석들과 전선으로 구성된다. 자석의 수는 모터의 극의 개수를 정의한다. 하나의 모터가 가지는 극이 많으면 많을수록 그 모터 내부에서 전선이 감아지는 회전수는 더 크게 증가된다. 더 많은 전선을 감는 횟수는 더 큰 자기장을 생성한다. 그 자기장은 자석들(N과 S극의 수)과 상호작용하여 모터는 돌기 시작한다. 자기장이 더 강하다면, 그 모터를 가속화하는 힘은 더 커져서 정확한 형체가 없는 덩어리(예, 드론, 세탁기)를 더 빠르게 가속화시킬 수 있다.

더 낮은 KV-rating을 가진 모터들은 더 적은 극의 개수를 가진다. 극의 개수가 적다는 것은 일반적으로 더 굵은 전선을 사용할 더 많은 공간이 있다는 것을 의미한다. 그와 반대로, 더 높은 KV-rating과 더 많은 극의 개수를 가진 모터들은 작은 공간을 가져서 더 얇은 전선을 사용해야 한다. 절연체가 퇴화를 시작할 때까지 전선이 뜨거워지기 때문에 전선의 두께는 그 전선을 통과해 흐를 수 있는 최대 전류를 제한한다. 전선의 두께와 절연체의 품질은 쓰여질 수 있는 최대 전류를 제한한다. 이것은 낮은 KV 모터(즉, 낮은 KV-rating을 가진 모터)는 더 낮은 속도와 높은 전압으로 더 큰 프로펠러를 돌리도록 설계된다는 것을 의미한다. 그리고 높은 KV 모터(즉, 높은 KV-rating을 가진 모터)는 높은 속도와 높은 전류로 작은 프로펠러들을 회전시키도록 설계된다. 물론 이러한 높고 낮음은 부하 상태에 의존한다. 단지 경험에 근거한 규칙으로서, 이 설명을 이해하자.

최대 전류(maximum current)**와 무 부하시 전류**(zero-load-current) :

최대 전류 정격은 '각 전기 장치가 작동이 안 되기 시작할 때까지 전류 제한(current limit)을 가지는 것'을 의미한다.

무 부하시 전류란 용어는 모터의 손상을 정의한다. 그 용어는 어느 부하가 없는 모터의 전류 유입을 기술한 것이다. 도체의 품질, 모터의 최대 무게 등은 이용 가능한 공간에 대한 언제나 트레이드오프(trade off)가 존재한다. 전선이 얇으면 얇을수록 더욱 더 큰 저항과 더욱 더 큰 손실을 얻게 된다는 것을 의미한다. 이용 가능한 최소 무 부하를 가진 모터를 구입하도록 당신은 언제나 노력해야 한다. 그러나 제조사는 흔히 이러한 품질 보증 마크를 발행하지 않는다.

최대 전압(maximum voltage)**(또는 셀의 수)** :

이 용어는 모터를 파괴하지 않고 적용할 수 있는 최대 전압을 기술한 것이다. 어떤 출력 수준으로 전류 유입을 감소시키고 콥터의 직류 모터 연결선에서 자기장의 세기를 감소시키기 위해 사용자들은 흔히 더 높은 전압을 사용할 것이다. 이것은 콤파스 왜곡(후에 이것을 더 많이 기술함)을 감소시킬 수 있다. 불행하게도 거기에는 제한이 있다. 대부분의 사람들은 배선에서 절연체의 두께에 의해 전압이 제한된다고 생각하지만 최대 전압은 오히려 최대 전력을 제한하기 위해 제조사에 의해 정의된 임의의 숫자이다. 이론상으로, 당신이 온도와 전류 유입을 계속 지켜본다면 제시된 것보다 훨씬 높은 전압을 사용할 수 있다.

ESCs(전자 속도 제어, Electronic Speed Controls) :

ESCs는 컨트롤 로직으로부터 온 명령어들을 모터에 전달하기 위해 필수 요소이다. ESCs는 리튬 폴리머 축전지 같은 DC(직류) 모터 에너지원으로부터 교류 양성 구형파를 생성한다. 전형적으로 브러시리스 모터들은 모터에 동력을 공급하기 위해 3상 케이블을 이용한다. 아래 그림에 묘사된 것처럼 각 상의 신호는 시간차로 이동된다. 매 시간에, 하나의 상은 낮고, 하나의 상은 높고, 하나는 부동(floating, 아래 그림에서 대각선으로 표시됨) 상태에 있을 것이다. 각 상은 모터의 어떤 부분에서 전류 흐름을 제어(스위치 켜짐/꺼짐 또는 일시적 '부동' 상태)한다. 모든 상의 신호가 시간에 따라 교류(켜짐, 부동, 꺼짐이 번갈아 하나씩 섞여 나옴)하기 때문에 스위치 켜짐, 꺼짐 또는 부동 상태를 가진 모터 영역은 센터 주위를 돈다. 그 결과, 모터는 돌 것이다. 그 모터의 회전 방향은 그 상들을 교환함으로써 뒤집어질 수 있다.

ESCs를 구입할 때, 신경써야 할 주요 포인트는 스위칭 주파수, ESCs의 무게와 최대 전류 정격(the maximum current rating, 최대 운반할 수 있는 전류량)이다. 모터처럼 ESCs는 권고되는 전류 정격을 초과하여 사용된다면 가열되고 고장이 날 수 있다.

당신이 하나의 콥터를 설계한다면 계산된 평균 사용 전류를 계속 지켜보고 그 값에 50%를 더하라. 당신의 콥터가 예를 들어 모터당 20암페어를 소비할 것이면 적어도 30암페어의 ESCs를 구입하라. 콥터들은 일반적으로 보통 하드웨어에 즉각적으로 해롭지 않은 아주 짧은 시간동안에 훨씬 높은 부하 상태에 이르게 된다. 그리고 사람들은 비행 시간을 향상시키기 위해 공간과 무게를 절약하길 원한다. 덧붙여서, 나는 높은 전압 내성(6 S에서 10 S)을 가진 높은 품질의 ESCs를 구입하길 권장한다. ESCs가 더 높은 전압에서 작동함으로써 전류량을 감소시키는 것은 열 스트레스를 줄여준다. 불행히도 그러한 하드웨어는 조금 더 비싸다.

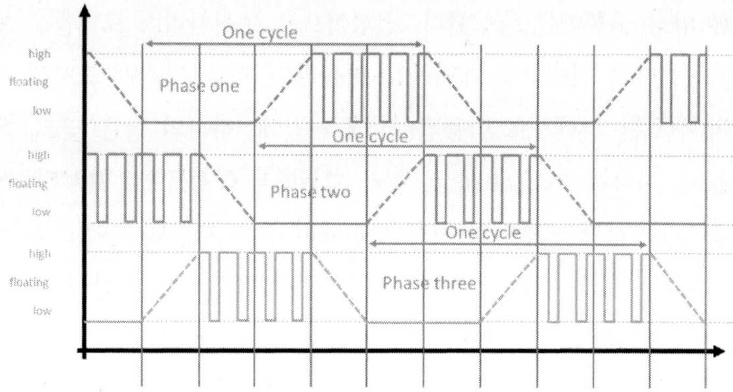

위 그림은 전형적인 3상 브러시리스 모터의 동작 사이클을 보여준다. 하나의 모터를 돌리기 위해서, ESC에 의해 생성되는 3상의 교류 직류 전류를 필요로 한다. 각 상은 이어서 모터의 각 부분을 스위치가 켜지고 꺼지도록 하기 위해 시간차 이동된다. 위 그림은 http://www.mikrocontroller.net 사이트에 있는 http://www.mikrocontroller.net/wikifiles/4/41/BLDC_Spannungs_Diagramm.png 링크로부터 참조되었다.

■ 프로펠러(Propellers)

프로펠러들이 없는 무인항공기시스템은 돌과 같다. 불행하게도, 프로펠러는 사람들이 돈을 절약하는 첫 번째 부품일 것이다. 그러나 프로펠러의 품질은 그 가격에 따라 좋아지기 때문에 이것은 잘못된 판단이다. 값싼 프로펠러는 큰 거래가 될 것 같고 아마 당신은 잠시 동안 기쁘게 비행할 것이다. 그러나 조만간 당신의 5달러짜리 프로펠러가 갑자기 조각나게 될 것이고, 망가진 5달러짜리 부품 때문에 당신의 드론은 손상될 수도 있다. 저자는 당신이 여기서 돈을 절약하는 것을 권하지 않는다. 서로 다른 제조사들이 파는 프로펠러들은 재질, 지름, 그리고 피치(pitch)와 같은 보통 3가지

평가기준 용어들을 가진다.

프로펠러들을 위한 보통의 재질들은 목재(흔히 표백된 나무), 서로 다른 종류의 플라스틱, 강화 섬유 유리 플라스틱, 카본 등이다. 멀티콥터들을 위해서, 난기류로부터 발생하는 진동이 컨트롤 보드뿐만 아니라 프로펠러의 효율을 손상시키기 때문에 아주 뻣뻣한 프로펠러를 가지는 것이 매우 바람직하다.

목재는 실제로 가볍지 않다. 목재는 매우 뻣뻣하지 않고 카본과 강화 섬유 유리 재질들보다 더 적은 내구성을 가진다. 목재는 높은 부하 상태 하에서 부러질 수 있다. 반면에, 목재 프로펠러들은 가격이 적정하고 드론 파라미터들을 조정하는 동안 당신의 200달러짜리 카본 프로펠러들이 망가지는 우려를 하고 있다면 하나의 프로토타입 테스팅을 위해 사용하기 좋다.

플라스틱 프로펠러들은 가장 값싼 선택이다. 우리는 종종 뚜렷한 이유 없이 비행 동안 갑자기 프로펠러들이 부러지는 것을 본다. 플라스틱이 매우 뻣뻣하다는 것을 고려할 때, 다른 약점은 프로펠러들이 진동하는 경향이 있다는 것이다. 게다가, 플라스틱은 시간이 경과함에 따라, 온도에 의해 또는 자외선의 노출에 의해 잘 부러지게 된다.

강화 섬유 유리 폴리머 기반 프로펠러들은 카본 프로펠러만큼 뻣뻣하지 않으나 목재나 플라스틱 기반 프로펠러들보다는 더 뻣뻣하다. 강화 섬유 유리 폴리머 기반 프로펠러들은 매우 내구성이 있고 그 프로펠러들의 향상된 유연성은 카본 프로펠러들이 허용하는 것보다 더 많은 실수들을 용인한다.

카본이 매우 뻣뻣한 재질이기 때문에 대부분의 사람들은 아마 카본 프로펠러들을 구입한다. 카본은 진동을 줄여주고 비행 시간을 향상시킨다. 저자 또한 보통 카본 프로펠러들을 추천한다. 그러나 여전히 심각한 품질 차이점들이 있다. 많은 제조사들이 브러시리스 모터의 35프로펠러들의 모양을 최적화하지 않은 것 같고 이것은 비극적인 비행 시간, 난기류(그리고 많은 소음), 그리고 더 적은 리프팅 무게를 야기한다.

실제로 T-Motors는 높은 품질의 카본 프로펠러들을 판다. 그 프로펠러들은 카본으로 씌워진 표백된 목재 코어를 가진다. 카본은 프로펠러들을 매우 가볍고 빳빳하게 만든다. 잘 마무리된 끝은 오랜 비행 시간을 위해 최적화된다.

직경(diameter) :

하나의 프로펠러의 직경은 정지 추력(항공기가 정지하고 있을 때 발생하는 추력)을 정의하는 주요한 품질 보증 마크이다. 프로펠러가 크면 클수록 모터가 프로펠러를 돌릴 수 있다면 프로펠러가 들어 올릴 수 있는 힘은 더욱 커진다. 즉, 프로펠러가 크면 클수록 추력(프로펠러에서 발생하는 힘으로 공기를 후방으로 밀어내 앞쪽으로 이동하는 항공역학적 힘)은 더욱 커진다. 이것은 하나의 프로펠러가 전달할 수 있는 이상적인 정지 추력이 프로펠러의 면적에 의존하기 때문이다. 즉, 직경은 프로펠러를 1회전할 때 그려지는 원에 지름의 길이를 의미한다.

$$S= \sqrt[3]{2\rho FP^2}$$

S=추력[N], ρ=공기 밀도[kg/m^3], F=프로펠러의 면적[m^2], P=모터 샤프트에 대한 힘[W].

http://www.rc.network.de 사이트의 http://www.rc-network.de/magazin/artikel_02/art_02-0037/Standschub.pdf를 참조하여 위 식은 기술되었다.

■ 피치(pitch)

프로펠러의 피치는 프로펠러가 360도 돌려진다면 그 프로펠러가 지면에서 이동한 거리를 정의한다. 그 거리는 프로펠러의 경사에 의해 정의된다. 프로펠러의 경사가 크면 클수록 회전된 그 프로펠러가 이동한 거리는 훨씬 더 멀리 간다.

더 큰 피치를 가진 프로펠러들은 더 많은 추력을 주고 더 높은 비행 속도를 허용한다. 그 이유는 더 큰 피치를 가진 프로펠러들이 낮은 피치를 가진 프로펠러보다 공기를 더 가속화시키기 때문이다. 그러나 멀티콥터가 공중에서 더 조용하고 날기가 쉽기 때문에 멀티콥터의 경우 작은 피치가 종종 필요하다. 이것은 난기류들에 의해 설명될 수 있다. 공기가 더 많이 더 빠르게 가속화되면 될수록 난기류들은 더 강해진다.

만일 당신이 카메라 운송수단으로 당신의 콥터를 사용하길 계획한다면 더 긴 직경을 가지고 더 낮은 피치를 가진 프로펠러들을 나는 추천한다. 만일 당신이 속도 기록을 깨는 것을 계획한다면(어떤 사람들은 FPV 레이싱을 좋아한다.), 나는 높은 피치를 가진 작은 직경의 프로펠러들과 빠른 모터들을 추천한다.

■ 전원분리(Power distribution, 배전)

단지 오래된 것을 업그레이드하는 것이 아니라 맨 처음부터 당신의 콥터를 만든다면 전원(powering, 동력 견적 : 새로 설계하는 드론에 대하여 그 드론의 속력과 기관의 소요 마력과의 관계 등을 미리 추정하는 것)이 중요하게 된다. 거기에는 몇 가지 도전과제가 있다.

1) 전력분배(전류를 여러 곳으로 나누어 보냄) 시스템은 가벼워야 한다.
2) 배전 시스템은 가능한 가장 약한 자기장을 생성해야 한다.
3) 배전 시스템은 신뢰할 수 있고 열 발산도 포함된다.

4) 배전 시스템은 최상의 경우에 입력으로서 단지 하나의 배터리를 요구해야 하고 시스템을 용이하게 유지하기 위해 몇 개의 배터리를 요구하지 않아야 한다(시스템 유지보수에 용이함을 의미한다).

배전 시스템의 무게는 전선의 길이와 직경에 의해 제한되며 전류 유입에 들어맞아야 된다(모터와 ESCs 절을 보라). 경험상, 배터리로부터 전원 분리 보드(배전보드)까지의 케이블의 경우, 배터리 케이블의 두께에 대한 전원 방향(+와 −)을 확인해야 한다. 그 배터리가 4 mm 구리 케이블들을 사용한다면, 배전 보드는 4 mm 구리 케이블을 사용하라. 모터에 연결된 케이블의 경우, 일반 사람들은 다음의 표를 사용할 수 있다. 온도에 유의하는 것은 중요하다. 케이블은 뜨거울 수는 있지만, 뜨겁지 않아야 한다. 그렇지 않으면, 당신은 비행시간을 줄이거나 케이블 화재로 사고의 위험이 있을 것이다. 참고로, AWG는 케이블의 피복을 제외한 내심(실제 전선)의 굵기를 표시하는 단위이다. AWG가 작을수록 굵은 내심을 가진 두꺼운 케이블이다. 되도록 굵은(AWG가 작은) 케이블을 쓰는 것이 안정적이다.

- 8AWG Wire - 150A+
- 13AWG Wire - 100A
- 14AWG Wire - 80A
- 16AWG Wire - 50A
- 18AWG Wire - 30A
- 20AWG Wire - 20A
- 22AWG Wire - 10A

자기 간섭(magnetic interference) :

배전 보드에서 ESCs까지 케이블을 짧게 유지하는 것이 좋다. ESCs에서 모터까지 케이블은 교차하는 DC 전류를 발생시키고 그 케이블은 상당히 길 수 있다. 그 이유는 지자기 센서(나침판, 콤파스) 왜곡을 피하기 위해 정자기장(static magnetic field, 정상 전류가 흐르는 정지한 도체 주위에 형성되는 자기장을 말하며, 시간적으로 일정함)을 최소화해야 하기 때문이다. 그러나 어떤 사람들은 그것을 반대로 한다. 그 이유는 공간적인 이유 또는 ESCs에 좀 더 멋진 LEDs가 있기 때문에 그들이 모터 아래에 ESCs를 위치시키길 원하거나 또는 그들이 그 방식이 냉각성능이 좋아지기 때문이다.

이 경우에, 자기장은 더 강해질 것이고 더 좋게 만드는 유일할 방법은 케이블을 꼬고(당신이 더 긴 케이블을 필요로 하기 때문에 더 큰 무게) 소음으로부터 더 멀리 지자기 센서(나침판, 콤파스)를 위치시키는 것이다. 아래 그림에서, 당신은 내가 배전 시스템을 조립했던 방법을 확인할 수 있다. 전체 전력 시스템은 그 콥터의 메인 프레임 플레이트 사이에 끼워진다. 배전 보드 그 자체는 그림의 중간에서 검정색 케이스 안에 들어 있다. 그 보드는 배터리에 연결된 전압 모니터(AttoPilot 180)와 모터 아래에 있는 4개의 ESCs에 연결된다.

그 설계가 모듈식이어서 나는 검정색 아이솔레이션(isolation, 집적 회로를 만들 때 각 소자 간을 분리 절연하는 것) 아래에 4 mm 불릿 커넥터와 XT60 어댑터를 사용했다. 안전한 무게로 모든 것을 함께 납땜하지 않고 그 배전 시스템을 모듈화하는 이유는 간단하다. 드론이 충돌이 발생하는 경우에, 불릿 커넥터의 한 지점에서 케이블이 분리되어 다른 하드웨어에 있는 케이블들에 손상을 주지 않는다. 또한 배전 시스템의 대부분을 매우 쉽게 재사용할 수 있을 것이고 새로운 프레임에 그 배전 시스템을 넣을 수 있다. 게다가, 손상된 요소를 더 쉽게 수리하거나 교환할 수 있다.

그 배터리로부터 안정적인 5 V로 컨트롤 보드에 전력을 공급하기 위해 그 전압 모니터는 5 V UBEC와 DF13 케이블과 연결된다. 나의 시스템으로, UBEC가 더 높은 전압을 처리할 수 있기 때문에 10셀 리포 배터리까지 사용할 수 있다. 그림의 오른쪽에, 12 V를 공급하기 위한 다른 UBEC가 있다. 이는 비디오 전송 시스템이나 LEDs를 연결하는 데 유용하다. 이 그림의 모든 것은 젖은 상태에서 합선을 피하기 위해서 잘 격리되어 있다. 그러한 설계를 가지고, 하나의 배터리로만 전력원로서 요구되어진다. UBESs는 다른 모든 드론의 구성요소에 전원을 공급하기 위한 전압을 생성한다. 2차 배터리에 의존하는 시스템과 비교할 때 이것은 콥터의 무게와 단순성을 상당히 낮게 유지시킨다.

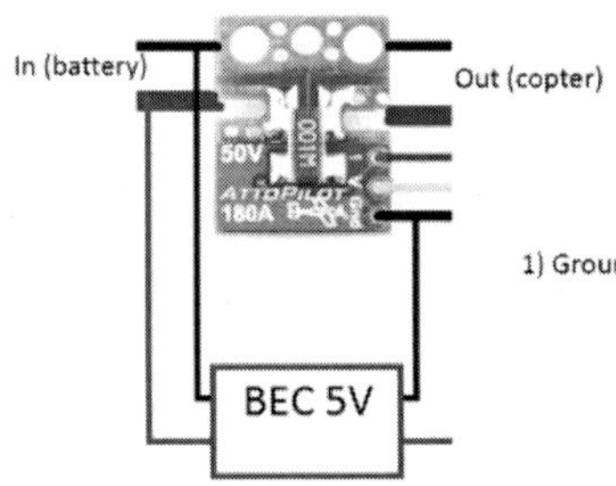

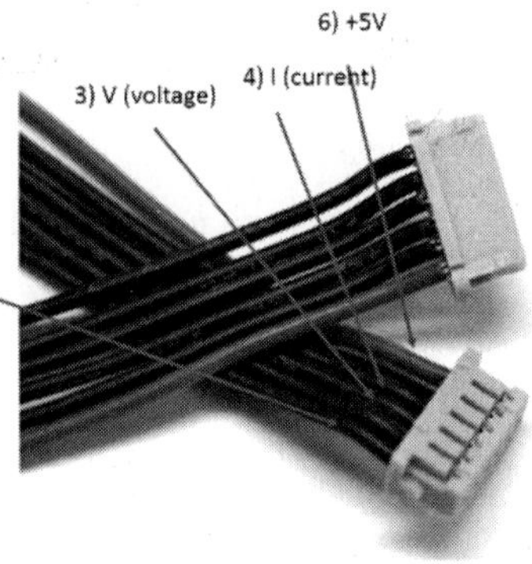

위 그림은 나의 배전 시스템의 예를 보여준다. 중앙에 전원 분배기 보드(납땜 패드가 있는 간단한 PCB)가 있다. 배터리 케이블이 중앙(위쪽)에서 전원모니터보드(AttoPilot 180)를 통해 허브에 들어간다. 측면에는 케이블 쌍(+/−)이 프레임의 암을 통해 ESCs로 연결된다. 아래와 오른쪽에는 배터리 회로와 연결된 두 개의 UBECs가 있다. 드론 컨트롤 보드에 전원을 공급하는 UBEC은 5V출력을 가지며 다이어그램에 따라 AttoPilot에 연결된다. 이에 따라 단지 하나의 DF13 케이블로 전압/전류를 모니터링하고 전력을 공급한다.

■ 드론 컨트롤 보드(Drone control board)

드론을 위한 컨트롤 보드들의 수는 끊임없이 성장하고 있다. 다수의 다양한 시스템들이 있고 많은 플랫폼들이 이미 구형이 되어 있다. 지난 몇 년 동안에, 대다수의 보드들은 ATMega2560에 기초를 두고 있었다. 후에, ARM 기반 시스템들이 새로운 표준이 되었을 때까지 NuttX(운영체제)을 실행하는 ARM 기반 시스템들은 점점 더 인기 있게 되었다. 많은 ARM 기반 시스템들의 가장 큰 장점은 가속화된 부동 대수학 하드웨어의 지원이다. ATMegas는 소프트웨어 적으로 부동소수점 계산들을 했었고 ATMegas는 정수 대수학 처리에 대해 상당히 더 빨랐었다. 이제, 인정받는 단일 보드 컴퓨터들을 위한 확장 보드들이 있다면 형상에서 Linux 기반 시스템들로 향하는 경향이 있는 것 같다. 이러한 확장 보드들은 부수적인 하드웨어를 위한 센서와 커넥터들을 포함하고 이 확장 보드들은 Raspberry Pi (2) 또는 GPIO 핀들을 경유하는 BeagleBoard와 같은 단일 보드 컴퓨터들과 연결된다.

NuttX와 비교할 때, Linux는 상당히 더 큰 드라이버 스택과 웅장한 소프트웨어 컬렉션을 가진다. 당신은 당신의 드론에 WIFI USB 모듈, WebCams, 3G 모뎀, LCD 패널 또는 마이크로폰과 같은 모든 형식의 (USB) PC 하드웨어를 추가할 수 있다. 게다가, Qt5, GTK, ...와 같은 많은 라이브러리들과 스크립팅 또는 파이썬(Python)과 같은 프로그래밍 언어들이 있다. 이것에 비교할 만한 어떤 것은 다른 Arm 또는 ATMega 기반 시스템들에서 가능하지 않다.

Raspberry Pi와 같은 대부분의 Linux 기반 시스템들은 PX4 보드(또는 ARM)와 비교할 때 상당히 더 많은 디스크 공간(SD 카드), 더 많은 메모리(RAM)와 훨씬 더 높은 클록 속도(clock rates, **클록 주파수로 CPU 등의 동작 속도를 결정함**)들을 가진다. Linux 시스템의 응용에 관하여 부정적인 의견들은 Linux가 본래 실시간 처리 운영체제가 아니고 패치된 커널로 훨씬 많은 오버헤드가 있다는 것이다. 에너지 소비는 훨씬 더 크다. NuttX 기반 플러그 & 플레이 시스템보다 Debian(자원봉사 모임 데비안 프로젝트가 만들고 있는 공개 운영체제. 리눅스 커널을 사용하지만 기본 운영체제 도구는 GNU 프로젝트에서 만든 것을 사용하기에 데비안 GNU/리눅스라고 부름)과 같은 리눅스 배포판을 환경 설정하는 것은 훨씬 더 복잡하고 사용자로부터 파생된 실수를 하기 쉬워진다.

하나의 시작 프로젝트로서, Navio+ 보드를 가진 Raspberry Pi의 추가적인 무게와 더 무거운 배터리는 드론의 최소 사이즈를 제한하기 때문에 더 크거나 중간 사이즈 드론(프로펠러: 10인치와 그 이상, 무게는 500 g 이상)을 위해 나는 Linux에 열광적인 팬에 대해 단지 Linux 기반 드론을 추천한다. 그렇기는 하지만, 저자는 그것(Linux 기반 드론)과 함께 즐겁게 보냈기 때문에 그러한 프로젝트에서 누군가를 밀어내고 싶지는 않다.

- ATMega
  - APM 1
  - APM 2
  - APM 2.5/2.6
- ARM
  - (NuttX) Pixhawk
  - PX4
  - Arsov AUAV-X2
  - VRBrain
- ARM(Linux)
  - Navio+
  - Erle-Brain (2)
  - PixHawk Fire Cape
  - BBBMINI Cape

2. 센서들과 센서 왜곡(Sensors and sensor distortion)

어떤 독자들은 단지 지난 몇 년 동안 소비자 등급 멀티콥터들이 인기를 얻게 되었던 이유를 궁금해 할 것이다. 하나의 멀티콥터를 제어하는 것은 공중에 그 장치를 유지하기 위해 많은 센서들을 필요로 한다. 대부분 드론들에서 AHRS(Attitude Heading Reference System, 자세방위기준장치라고 함. 3축 운동 방향으로 자이로스코프, 가속도계, 마그네토미터를 결합함으로써 자세 각을 측정하는 장치)가 실행중이다. 그 이름이 암시하는 것처럼, AHRS는 드론에게 드론의 현재 자세(attitude)와 방위(heading)를 알려야 한다. 행성 환경에서 AHRS는 적어도 한 개의 자이로스코프, 한 개의 가속도계와 한 개의 콤파스의 존재를 필요로 한다. 최상의 경우에, 또한 위치 추정을 위한 하나의 GPS가 있다. 과거에, 이러한 종류의 초소형 전자 공학 기술센서들은 매우 비쌌다. 그러나 지난 몇 년 동안(스마트 폰들이 인기 있게 되었기 때문이다. 아마 어떤 사람은 이 점을 가지고 저자가 잘못되었다고 생각할 것이다) 그 가격들이 하락되었고 드론들이 스마트 폰들과 같은 동일한 센서들의 부분 집합을 필요로 하기 때문에 드론 컨트롤 보드들의 판매회사들은 소비자와 친숙한 가격으로 그들의 하드웨어를 공급할 수 있었다. ebay에서 찾아보면 그 가격 하락이 실지로 보여진다. 이 장에서, 저자는 대부분 비행 드론들에 있는 각 종류의 센서를 짧게 설명하길 원한다. 각 센서 종류는 어떤 임무들과 제한적인 특징을 가지고 있다.

■ 가속도계(Accelerometer, 가속도 센서)

그 이름이 암시하는 것처럼, 가속도계는 가속도를 추정하는 것이다. 가속도계는 그 센서가 가속된다면 어떤 방향으로 굴절되게 되는 프루프 메스(proof mass, 금 75%와 플랫티넘 25%로 구성됨)를 내부적으로 소유한다. 3축 가속도계는 두 개의 프루프 메스들을 가지고 있다. 하나는 x축과 y축 방향을 위한 것이고 하나는 z축 방향을 위한 것이다. 프루프 메스의 굴절은 가속도 크기의 척도이다. 따라서 3축 가속도계는 모든 축을 위한 하나의 3차원 벡터를 반환할 것이다.

가속도계들은 정확하고 지구(또는 미행성)의 중심을 향하여 일정한 가속도 힘이 있기 때문에 행성 환경에서 자세(attitude)를 계산하기 위해 사용될 수 있다. 불행히도 가속도계들은 진동에 민감하게 반응한다.

드론의 전형적인 소음 근원지들은 모터들과 프로펠러들로부터 오는 진동일 수 있다. 하나의 멀티콥터에서 다수의 모터와 프로펠러 쌍들이 있고 한 쌍의 진동은 다른 쌍들에 영향을 줄 수 있다. 당신은 진동들이 서로 진동을 더 크게 하거나 어떤 모터 속도에서 그 진동들을 상쇄함을 종종 관찰할 것이다. 비행 드론에서 모든 모터는 그 드론 시스템을 안정화시키기 위해(나중에 설명됨) 모터의 속도를 계속적으로 변경한다. 이것은 예측을 불가능하게 한다. 따라서 신뢰할 수 있는 드론 플랫폼을 제작하길 실제로 원한다면 진동 문제를 계속 지켜보아야만 한다. 만약 그렇지 않으면, 가속도계의 정보 해독은 신뢰할 수 없을 것이고 이것은 자세 추정 시 뚜렷한 에러를 초래한다. 간접적으로 (후에 설명되는) 자이로계 드리프트(drift, 현상의 변화가 없는 데 측정치가 변동하는 것)를 계산하기 위해 참조 시스템으로서 가속도계를 사용하기 때문에 또는 직접적으로 자세 계산을 위해 원시의 가속도계 값을 사용한다면, 운 좋게 가속도계 센서에 대한 진동의 효과를 줄이기 위한 방법들이 있으며 이 방법들은 또한 소프트웨어 기반 솔루션들이다.

실제로 이러한 메커니즘들은 크게 향상된 비행 시간으로 이어질 수 있고 비행 성능을 향상시킬 수 있다. 진동의 영향을 줄이는 손쉬운 접근법은 3M 회사의 젤 패드들을 사용하는 것이다.

위 그림에서 콥터는 Raspberry Pi와 Navio+ 보드를 기반으로 한다. 이것은 그 컨트롤 시스템을 이미 무겁게 만든다. 가속도계 편에서 진동들을 줄이기 위해 우리는 TMotors 회사의 낮은 피치를 가진 카본 프로펠러들과 3M 회사의 젤 패드들을 사용한다.

게다가, 매우 높은 단단함을 가진 프레임이 선택되었다. 긍정적인 부작용은 충돌 시에 견고성이다.

■ 자이로계(Gyrometer, 자이로 센서)

초창기의 자이로계들은 완전히 기계 장치들이었다. 이와 대조적으로, 현대의 자이로계들은 초창기의 자이로계들과 전혀 공통점이 없다. 고급 시스템들과 군사적인 목적을 위해서, 드리프트가 거의 없고 정확한 링 레이저 자이로스코프들이 있다. 저비용의 부분(가전제품)을 위해서, 피에조(piezo, 특정 방향으로 압력을 가하면 결정체의 표면에서 전기가 발생하는 성질을 이용한 것으로 압력계에 사용되며, 폭발 등의 급격한 압력변화 측정에 쓰임.) 또는 MEMS(micro electro mechanical systems, MEMS란 미세전자기계시스템, 미세전자제어기술 등으로 불리우며 반도체 공정기술을 기반으로 성립되는 마이크론(μm)이나 mm 크기의 초소형 정밀기계 제작기술을 말함.) 기반 자이로스코프들이 있고 이것들은 그렇게 정확하지 않고 드리프팅을 보인다.

자이로계들의 장점은 그것들이 진동에 의해 영향을 받지 않는다는 점으로 멀티콥터의 작동 상태 하에서 적어도 가속도계들처럼 영향을 받지 않는다는 것이다. 자이로계에서 피에조는 펄스 발생기로서 사용된다. 그것은 고정자 암(진동하는 피에조 자이로스코프)을 진동하게 하거나 프루프 메스들(MEMS)을 움직이게 한다. 그 센서(자이로계)가 회전되면, 고정자(진동하는 피에조 자이로스코프)에 작용하는 코리올리의 힘("Coriolis" force, 지구의 자전으로 비행중의 물체에 작용되는 편향의 힘) 또는 프루프 메스들(MEMS)은 초기의 진동 방향에 관련된 고정자(진동하는 피에조 자이로스코프)에 직각인 진동 또는 추정할 수 있는 프루프 메스(MEMS)에 대한 힘을 포함한다.

■ 콤파스(yaw)

마그네토미터(magnetometer, 지구주위에 일정하게 남북으로 분포된 자장을 측정함으로써, 자북 방향을 기준으로 자세각을 측정하는 장치)는 홀효과(Hall-effect, 자기장 속의 도체에서 자기장의 직각방향으로 전류가 흐르면, 자기장과 전류 모두에 직각방향으로 전기장이 나타나는 현상)를 활용함으로써 전계 강도(field strength, 어느 지점에서의 전자계 세기)를 추정할 수 있다. 홀효과는 전류가 흐르는 방향에 직각으로 자기장을 적용하면 발생하는 현상이다. 이러한 시나리오에서, 전압이 유도될 것이다. 이 전압은 자기장에 대한 척도이다. 모든 3차원 공간에 대해 이것이 수행될 수 있고 당신은 지자계 벡터를 추정하고 자북(magnetic north, 자기 나침반에 나타나는 북쪽)을 가리키는 센서를 얻는다.

홀효과 센서들은 정확하다. 불행하게도, 드론은 마법으로 비행하는 것이 아니라 드론은 전기로, 그리고 심지어 더 나쁜 것은 DC(직류)로 비행하는 것이다. 더 큰 드론들은 어떤 순간에 많은 전류(20 A~150 A)를 끌어당긴다. 이것은 ESCs쪽으로 전선 위에 정자기장(static magnetic field, 정지한 자석 또는 정상 전류가 흐르는 정지한 도체 주위에 형성되는 자기장을 말하며, 시간적으로 일정함.)을 유도하고 ESCs로부터 모터들까지 교번 자계(alternating magnetic field, 세기가 시간과 더불어 양 또는 음의 방향으로 증감하고 방향을 바꾸지 않는 자계)를 유도한다. 이러한 모든 것은 콤파스 추정의 품질을 저하시킬 것이고 요(yaw) 평가치를 왜곡시킬 것이다. 당신이 상상할 수 있는 것처럼, 드론이 그것의 방위와 행성 타원체의 모양을 대충 알 필요가 있기 때문에 콤파스는 GPS 항해와 같은 더 높은 수준의 특징들에 있어서 아주 중요하다.

다시, 자기장의 세기는 도체를 따라 흐르고 있는 전류와 함께 확대/축소된다. 당신의 드론을 위해 고전압 전자장치와 고전압 배터리 팩(리튬 폴리머 축전지 셀 개수 ≧ 6)을 사용하는 것이 유익한 설계 원칙일 것이다. 동일한 전력 수요에서, 배선 위에 더 적은 전류가 있을 것이고 그리하여 더 약한 자기장이 생성될 것이다. 긍정적인 부작용은 전선/커넥터가 뜨거워짐이 더 적을 것이다. 정자기장의 효과를 줄이는 유일한 다른 방법은 자기장 소스로부터 훨씬 더 멀리 홀 센서(홀 센서는 전류가 흐르는 도체에 자기장을 걸어 주면 전류와 자기장에 수직 방향으로 전압이 발생하는 홀 효과를 이용하여 자기장의 방향과 크기를 알아냄.)를 배치하는 것이다. 개인적인 의견을 말하면, 나는 낮은 KV 모터들과 함께 15인치 프로펠러들과 그 위의 크기 종류에서 6~10 셀 리튬 폴리머 축전지의 사용을 추천한다. 이것은 전류 흐름을 적당한 값으로 줄여준다.

■ 기압계(Barometer)

대부분의 비행 컨트롤 보드들은 압력 센서로서 MS5611를 사용한다. 그 회로는 온도와 압력을 위해 24비트 값을 지원한다. 고도 추정값을 계산하기 위해 이 두개의 값을 전부 필요로 한다.

$$Z = C * (B_0 - B)/(B_0 + B)$$

$$C = 52494 * (1 + T_0 + T - 64)/900$$

위 식에서, Z는 고도에서 차이(단위: feet)이다. B_0와 B는 두 개의 고도들에서 기압(단위: 수은주 인치, 기압은 대기의 압력을 의미함. 단위는 수은주의 높이를 mm로 표시하며, 760 mmHg를 1기압으로 함.)들이고 T_0와 T는 두 개의 고도들에서 온도(단위 : 화씨)들이다. 위 식은 http://glx.net/~exile/howhigh.htm에서 참조되어 기술된 것이다.

■ 소나(Sonar)/라이더(Lidar)

이러한 센서들은 높은 정밀도로 고도를 추정하기 위해 사용될 수 있으나 높은 주파수에서 더 낮은 고도를 위해 사용될 수 있다. 여기에서, 고도는 직접 추정된다. 소나는 음파로 작동되고 라이더는 광학 시스템(빛 또는 레이저)에 의해 작동된다. 프로펠러들이 많은 소음을 생성하고 소리가 크기 때문에 멀티콥터들에 관해 소나는 문제가 많을 수 있다.

■ GPS

우주에서 비행체의 위치와 고도를 추정하기 위해 GPS를 사용할 수 있다. 대부분 칩들은 1 Hz~10 Hz 사이의 샘플링 비율과 미터 범위의 해상도를 가진다. 지상국(GCS)을 이용하여 그 해상도는 센티미터 범위까지 개선될 수 있다. 많은 프로젝트에서 GPS는 반자동과 자율 비행 모드들(예를 들어, ArduPilot에서 Loiter 모드)에 있어서 필수적이다. 사용자 콥터가 어떤 위치를 유지하길 원하거나 어떤 웨이포인트(지상점)로 그 콥터를 이동시키려면, GPS가 중요요소로 포함될 것이다.

3. 소프트웨어 필터들의 필요 이유와 센서 융합을 위해 그 필터들의 사용 방법

자이로계(gyrometer, 자이로센서)가 모든 3개의 축에 대해 각속도(angular velocities, 각 변위의 시간적 변화)들을 추정할 수 있다면 어떤 사람은 진동에 강한 자세 추정치를 얻기 위해 이 값들이 적분될 수 있다고 생각할 것이다. 각속도의 단위는 초당 라디안(rad/s)이다. 불행하게도, 자이로계 드리프트는 지속적이진 않고 자이로계의 해독된 정보가 적분되어야만 한다면, 그 드리프트 에러는 요약되고 에러 보상 메커니즘이 구현되지 않는다면 드리프트 에러는 재앙으로 이어질 수 있다.

이것은 행성의 AHRS를 위해 콤파스가 필요한 이유이다. 우리가 자이로계들이 드리프트하고 참조 센서를 필요로 함을 배웠기 때문에 AHRS는 우리에게 방위(요(yaw) 축)를 위한 참조 점을 제공할 것이다. 요(yaw) 추정을 위해 가속도계들을 사용할 수 없으나 가속도계들은 우리에게 롤과 피치 각도들을 위한 참조를 제공한다. 그 가속도계들은 요(yaw) 추정을 위해 사용될 수 없고 이것은 요(yaw) 축이 행성의 중력 벡터에 의해 잠겨진 결과이다. 요(yaw) 축이 중력 벡터에 의해 잠겨짐은 우리가 롤과 피치 각도들을 추정하도록 허용한다.

4. 자세 추정을 위한 소프트웨어 필터 (Software filter for attitude estimation)

물론, 그것들의 루트에서 문제점들을 해결하는 것이 좋다. 그러나 멀티콥터들을 위해 하드웨어 또는 소프트웨어 필터들로 그 센서 데이터들을 처리할 필요가 있다. 소프트웨어 필터들은 융통성이 있다는 장점을 가지고 있다. 이 소프트웨어 필터의 융통성은 서로 다른 필터 구현들을 ArduPilot 또는 PX4 비행 장치와 같은 인기 있는 프로젝트들에 끼워 넣는 이유이다. 저주파 통과 필터가 멀티콥터 프로젝트들에서 가장 흔한 필터이기 때문에 우리는 저주파 통과 필터를 가지고 시작할 것이다.

■ 가속도계를 위한 저주파 통과 필터의 응용

예제 시스템으로 가속도계에 대해 시작하자! 흔히 소음 근원지는 진동일 것이다. 우리가 퓨리에 변환을 실행할 때까지 이러한 진동들에 대한 주파수 분포에 대해 우리는 실제로 아무것도 모른다. 퓨리에 변환이 실시간으로 수행된다면 대부분의 시스템에서 그 퓨리에 변환은 너무 인상적이다. 그럼에도 불구하고, 우리는 모터들/프로펠러들로부터 진동과 간섭은 상당히 빈번히(수백 Hz) 발생하고 자세는 외부로부터 꽤 느리게(1~50 Hz) 변한다는 것을 안다. 이것은 사용자가 그 콥터에 50 Hz 이하 주파수를 가진 제어 명령어들을 보낸다는 것을 의미한다(그 컨트롤 명령어들은 처리되고 실행될 필요가 있다). 따라서 상태 변화에 대한 최종 응답이 축소되게 된다. 우리가 원하는 것은 신호의 높은 주파수 성분을 걸러내고 예를 들면, 50 Hz 이하의 신호의 낮은 주파수 성분은 통과시키는 것이다.

아주 간단한 구현은 1) 그 센서 신호를 적분하는 것이고, 2) 현재의 샘플에 하나의 가중치를 주는 것이다. 현재의 샘플에 5%의 낮은 가중치를 주고 history에 95%의 더 높은 가중치를 주는 것은 갑작스러운 센서 왜곡의 효과를 제한한다는 것이다.

```
_history = 0.95 * _history + 0.05 * current_value;
```

실제 시나리오에서, 타이밍은 중요하다. 위의 시나리오를 살펴보면, 당신은 50 Hz의 차단주파수를 정의하고 고려할 다양한 샘플링비율을 가지길 원할 것이다. 태스크 관리자를 위해 더 중요한 것들이 계산되어야 하기 때문에 때때로 하나의 샘플은 마이크로초(백만분의 1초, μsec) 더 빠르거나 더 느리게 평가된다. 이것은 당신이 마지막 샘플을 얻어온 후에 그 샘플의 통과 시간을 추정해야만 한다는 것을 의미한다.

아래의 함수는 이러한 모든 것을 실현한 것이다. 그 함수는 센서로부터 현재의 샘플, 사용자로부터 희망하는 차단주파수, 마지막 샘플이 취해진 후 필터에 전송된 후 통과 시간을 가져온다. 만일 당신이 차단주파수로서 단위 Hz를 사용한다면, dt는 초이어야 한다.

```
// 필터에 하나의 새로운 원시 값(가공되지 않은 값)을 추가한다.
// 그 필터된 결과를 검색한다.
template <class T>
```

```
T DigitalLPF<T>::apply(const T &sample, float cutoff_freq,
float dt)
{
   if (cutoff_freq <= 0.0f || dt <= 0.0f) {
     _output = sample;
       return _output;
   }

   float rc = 1.0f/(M_2PI_F*cutoff_freq);
   float alpha = constrain_value(dt/(dt+rc), 0.0f, 1.0f);
   _output += (sample - _output) * alpha;
   return _output;
}
```

float rc = 1.0f/(M_2PI_F*cutoff_freq)는 Hz로 주어진 차단주파수를 가진 circle 함수이다. 그 차단주파수가 더 크면 클수록 변수 **rc** 값은 더 작아지게 된다. 변수 **alpha**는 경과 시간 **dt**와 주파수와 시간과 함께 크기 변경되는 변수 **rc**의 합에 의해 나누어진다. 경과된 시간이 많으면 많을수록 차단주파수는 더 커지고 **alpha** 값은 더욱 더 커지게 된다.

이것은 매우 낮은 차단주파수와 매우 높은 샘플링비율을 가진 샘플과 비교할 때 현재의 샘플이 필터의 출력에 더 높은 비율(또는 영향)을 가질 것임을 의미한다. 이것은 필터에 대해 정확히 바라는 것이다.

함수 constrain_value는 ArduPilot 라이브러리에서 나온 아래 예제에서 보여지는 것처럼 구현될 수 있다. 개인적인 의견을 말하면, 그 코드를 가변적인 것으로 유지하는 어떤 부가적인 체크들을 가진 템플릿 함수들을 선호한다.

```
/*
 * @brief: 하나의 값이 그 범위(low와 high 사이) 안에 있도록 제약한다.
 */
```

```
template <class T>
T constrain_value(const T &amt, const T &low, const T &high)
{
    if (std::isnan(low) || std::isnan(high)) {
        return amt;
    }
    return amt < low ? low : (amt > high ? high : amt);
}
```

그 함수 그 자체는 하나의 amt 값을 얻고 그 값이 다른 두 개의 파라미터들 low와 high에 의해 정의된 범위 내에 있는지 여부를 체크한다. 그 값이 이 범위 내에 있다면, 그 amt 값은 그냥 그대로 리턴되고, 그렇지 않다면 그 amt 값이 low보다 작거나 high보다 큰지 여부에 의존하여 그 amt 값은 low 또는 high로 설정될 것이다.

■ 자세 추정(Attitude estimation)

우리의 자세 추정 단계들을 자세히 설명하자.

단계 1) 자세 추정을 위한 가속도계의 응용

가속도계는 각 축에 대해 원시 가속도 값(m/s^2)을 알려준다. 지구의 중력 벡터가 언제나 그 행성(지구)의 중심을 가리키기 때문에 가속도계를 가지고 일반 사람은 자세를 계산할 수 있다. 가속도계는 이러한 가속도를 측정할 수 있고 기울어진다면 각 축은 경사각과 함께 크기가 변경되는 서로 다른 힘을 느낄 것이다. 저자는 이 점에 대해 "3축 가속도계를 이용한 기울기 감지"라는 제목을 가진 Freescale의 응용 노트를 참조한다. 피치와 롤 각도를 계산하는 공식들(x, y, z는 관련 축을 위해 추정된 가속도들임)은 다음과 같다.

롤 각도의 추정 :

$$\tan_{\phi} = \frac{y}{z}$$

피치 각도의 추정 :

$$\tan_{\theta} = \frac{-x}{\sqrt{y\hat{A}^{2} * z\hat{A}^{2}}}$$

C++에서, 이것은 아래처럼 보일 수 있다. 올바른 사분면의 계산을 위해 atan2 함수 파라미터의 부호를 사용하기 때문에 atan2 함수의 응용이 추천된다.

```
#include <math.h>

_rol_euler = atan2(y, z) * 180.f/M_PI;
_pit_euler = atan2(-x, sqrt(powf(y,2) + powf(z,2))) * 180.f/
M_PI;
```

앞에서 말한 바와 같이, 이 축을 위해 지구 중력 벡터를 정확히 요구하기 때문에 요 추정은 불가능하다. 그러나 두 개의 축을 따라 자이로계 드리프트를 보상하기 위해 롤과 피치 각도들이 이미 사용될 수 있다. 이것은 사용자 입력으로 조종하기에 충분하다.

단계 2) 자이로계를 가지고 자세 추정-적분법(integration)

자이로계는 각속도들(angular velocities, 회전 운동을 하는 물체의 속도를 알기 위해 단위 시간당 회전하는 각도를 나타내는 값, 각속도의 단위는 초당 radian임, 즉, rad/s)을 측정한다. 자세를 위한 추정치를 얻기 위해, 이러한 각속도 값들을 적분할 필요가 있다.

$$\text{attitude} = \int_0^t v(t)dt$$

$v(t)$는 초당 radian 단위의 각속도이다. 적분법은 우리에게 radian 단위를 가진 값을 생산해준다. 아래의 예는 모든 3축에 대해 이러한 원칙을 설명하고 있고 radian 단위를 degree로 전환한다. 자이로계의 축이 모든 센서마다 그리고 모든 구현마다 서로 다를 수 있으므로 자이로계의 축은 각각 따로 평가되어야 함에 주의하라.

```
roll  += (gyro.x * dt) * 180.f/M_PI ;
pitch += (gyro.y * dt) * 180.f/M_PI ;
yaw   += (gyro.z * dt) * 180.f/M_PI ;
```

당신은 원한다면 저주파 통과 필터를 관통하도록 그 추정치들을 보낼 수 있다.

단계 3) 센서 융합(sensor fusion)

그 자이로계는 어떤 각도들을 제공할 것이나 그 시스템(즉, 무인항공기 시스템)은 지상 어디인지를 여전히 모른다. 앞서 언급한 것처럼, 가속도계와 콤파스는 유일하게 신뢰할 수 있는 참조 시스템이다. 따라서 매우 간단한 접근법은 가속도계와 자이로계 데이터를 함께 합치는 보상 필터(Complimentary Filter)를 사용하는 것이다. 그러한 필터(보상 필터)는 다음과 같다.

```
filter_output=p_filt*acc+(1-p_filt)*gyr
```

그 필터(보상 필터)는 저주파 통과 필터와 같은 동일한 규칙을 따른다. 유일한 차이점은 센서 히스토리와 현재 샘플 대신에 두 개의 서로 다른 센서 값들을 동일하지 않는 가중치로 압축해서 보여주는 것이다. 이 필터의 장점은 그것의 단순성과 성능이다. 그 필터의 단점은 가속도계가 자이로계 드리프트를 극복할 수 있는 방법으로 상수 `p_filt`가 조정되어져야만 한다는 것이다. 소음 저항 센서 외에 드리프팅(주파수가 시간과 더불어 점차 변화하는 것을 말함)에 더 높은 가중치를 주는 것이 좋다. 그 필터 상수 `p_filt`가 너무 높으면, 가속도계로부터의 소음이 드론의 성능을 방해할 수 있다.

불행하게도, 그 가속도계가 더 오랜 시간동안 방해받는다면 이러한 접근법은 문제들이 발생한다. 그 콥터가 잠시 가속화한다면, 그 콥터는 콥터가 기울어진다는 것을 믿는다. 더 확실한 접근법은 DCM 알고리즘이다.

우리는 자이로계가 자세 추정을 위해 가속도계를 지지하여 사용될 수 있음을 알기 때문에 대부분의 내장된 자동항법장치들에 일반적인 DCM 기반 AHRS는 하나의 대안이다. ArduPilot에서 사용된 DCM AHRS 시스템은 1) 자이로계와 가속도계 데이터를 함께 묶는 우아하고 빠른(ATMega2560에서 실행될 수 있음) 접근 방법이다, 2) 지구 참조 시스템에 관해 드론의 회전 행렬(DCM)을 생산한다.

DCM 알고리즘은 다음의 단계들로 구성된다:

- 처음의 DCM 생성하기
  - 자세(피치/롤)를 추정하기. 예, 정지 위치에서 가속도계에 의해 추정
- 회전을 추정하기(자이로계)
  - 각속도를 추정하기
  - 센서 드리프트를 정정하기
  - 각속도를 적분하기
  - 그 시간에 회전을 얻기

- DCM을 회전하기
- DCM 행렬의 유효함을 체크하기
  - 좋음(fine) : 위의 단계 2를 계속하기
  - 오류(error) : 위의 단계 1을 계속하기

단계 2에서, 드리프트 추정과 보상이 서로 다른 방식으로 수행될 수 있기 때문에 DCM 알고리즘은 더 복잡하게 된다. 예를 들어, 자이로계 드리프트를 추정하기 위해 가속도계와 GPS(그리고 또한 요를 위해 콤파스)를 사용할 수 있다. 만일, DCM에 의한 자세 추정이 정확하다면, 가속도계에 기반한 자세(롤/피치)와 DCM의 곱은 단일 행렬일 것이다. 이에 관해서, http://gentlenav.googlecode.com/files/RollPitchDrift Compensation.pdf 를 참조하라. 실세계에서, 드리프트는 교차(discrepancy, 어떤 양에 대한 2가지의 측정치 차를 말함)를 야기할 것이다. 그 교차는 에러에 대한 척도(또는 드리프트 비율)이다. 그 참고문헌에서 설명된 것처럼, 가속도계의 출력은 가속도에서 중력을 뺀 값에 해당한다. 가속도 - 중력과 일치한다.

$$A_b(t) = g_b - a_b(t)$$

DCM을 가지고, 가속도계 출력은 지구에 관해서 회전하는 관성좌표계로 변환될 수 있다.

$$R(t) * A_b(t) = g_e - a_e(t)$$

교차곱은 드리프트 에러를 나타낸다.

$$e_e(t) = R(t)A_b(t)g_e - a_e(t)$$

다시 기체좌표계로 변환되어, 드리프트 에러는 다음의 PID 조정기를 위한 입력으로서 사용할 수 있다.

$$e_b(t) = R(t) * e_e(t)$$

중력 벡터로 시작하여 아래에 변수들이 짧게 설명된다.

g_e = 중력 벡터(상수)

$e_{e/b}$ = 관성좌표계/기체좌표계에서 에러

$a_e(t)$ = 가속도(예, GPS로부터)

$R(t)$ = 자세의 추정(DCM)

$A_b(t)$ = 가속도계의 출력

5. 콥터의 자세 컨트롤(Copter Attitude Control)

이제, 우리는 자세 추정에 대한 개략적인 이해를 가지나 멀티콥터가 공중에서 그것의 균형을 실제로 유지할 수 있는 방법을 우리는 여전히 모른다. 이 장에서, 우리는 이전 장으로부터 통찰(이해)을 사용하고 로봇식의 장치가 PID에 의해 시스템의 에러를 최소화하여 멀티콥터의 균형을 유지하는 방법을 배운다.

■ PID의 구현(proportional-integral-derivative, 비례-적분-미분)

PID 제어기들은 모든 로봇식의 플랫폼에서 그리고 우리의 현대 세계에서, 심지어 어디서나 발견된다. 당신이 3D 프린터를 가지고 있다면, PID는 가열된 베드, 또는 압축(성형)기에 대해 온도를 유지하려고 노력할 것이다. 냉장고에서, 온도 조절 장치 안에 있는 PID는 사용자가 정의했던 온도를 유지하려 노력하고 멀티콥터에서 PID 조정기는 희망했던 자세, 고도를 유지하기 위해 또는 특별한 위치를 목표로 삼기 위해 사용된다. 따라서 당신이 로봇식의 장치를 제작하거나 사용하길 결정한다면 PID의 이해를 피하는 것은 매우 쉽지 않다.

다행스럽게도, PID 제어기들은 복잡하지 않고 몇 라인의 코드로 쉽게 기술될 수 있다. PID 제어기들은 기본적으로 3부분들로 구성된다. 1) 일차항(비례항, linear term), 2) 적분항(integrated term), 3) 미분항(derivative term).

$$P = Kp * e(t)$$

$$I = Ki * \int_0^t e(t)dt$$

$$D = Kd * \frac{de(t)}{dt}$$

일차항은 현재 상태와 목표 상태의 차이 또는 에러를 나타내고 있다. 적분항은 시간이 지나면서 발생하는 에러들을 합산하고 있다. 이것은 적분항의 양이 에러의 양에 비해서 뿐만 아니라 시간이 가는 것에 비해서 더 크게 될 것임을 의미한다. 마지막으로, 미분항은 그 에러의 변화 속도에 따라 크기를 변경한다. 이것은 에러가 더 빠르게 변할수록 이 미분항의 출력은 더 높아짐을 의미한다. 물론, 하나의 PID 제어기의 모든 항이 모든 가능한 임무에 있어서 똑같이 중요하지는 않다. 집에서 방의 온도를 조절하는 PID에서 미분항은 제거될 수 있다. 멀티콥터의 경우에, 가장 중요한 항은 일차항이고 뒤이어 적분항이 뒤따른다. 그 적분항은 바람, 비대칭적인 프레임, 아니면 선두에 있는 카메라와 같은 끊임없는 에러 근원지들을 보상하고 있다.

미분항은 처음의 2개 항으로부터 오버슈트(overshoot, 제어계의 특성을 나타내는 양으로, 단위 계단형 입력에 대하여 제어량이 목표값을 초과한 후 최초로 취하는 과도 편차의 극치)를 정정한다. 다시 말해서, PI항들이 너무 높게 설정되면, 그 제어기는 자세에서 에러를 정정하기 위해 요구되는 것보다 더 높은 출력으로 반응할 것이다. 그 결과 반대 방향으로 기울어짐이 있을 것이다. 이 에러는 PI항에 의해 다시 과잉 정정될 것이고 그 시스템들은 두 지점 사이를 왔다 갔다 하기 시작한다. 이것은 PI항들이 최적화되지 않은 경우에 미분항에 의해 거의 보상될 수 있다.

ArduPilot 라이브러리로부터 가져온 다음 예제가 보여주는 것처럼 PID는 쉽게 구현될 수 있다.

```
float AC_PID::get_p(){
    _pid_info.P = (_input * _kp);
    return _pid_info.P;
}
```

위의 코드는 일차항을 계산한다. 여기서 입력 값은 하나의 상수 이득 계수(Kp)와 곱해진다.

```
float AC_PID::get_i(){
    if(!is_zero(_ki) && !is_zero(_dt)) {
        _integrator += ((float)_input * _ki) * _dt;
        if (_integrator < -_imax) {
            _integrator = -_imax;
        } else if (_integrator > _imax) {
            _integrator = _imax;
        }
        _pid_info.I = _integrator;
        return _integrator;
    }
```

```
        return 0;
    }
```

위의 코드는 적분항을 계산한다. 위에서 설명한 대로, 그 입력은 그 함수의 마지막 호출 이후 경과된 시간(dt)과 상수 이득 계수(Ki)로 곱해진다. 그런 다음에 그 결과는 변수 integrator에 더해진다. 유감스럽게도, 변수 integrator는 예측할 수 없는 환경 때문에 끝을 맺을 수 있다. 이것은 한계점 체크가 있는 이유이다.

```
    float AC_PID::get_d(){
        // 미분 컴포넌트
        _pid_info.D = (_kd * _derivative);
        return _pid_info.D;
    }
```

PID 조정기의 마지막 섹션에서, 미분항이 계산되고 상수 이득 계수(Kd)로 곱해진다. 미분항은 입력 신호의 변화 속도를 기술한다. 또한, `_derivative`의 계산은 아래 예제에서처럼 하나의 저주파 통과 필터를 포함할 수 있다. 함수 `get_filt_alpha()`는 저주파 통과 필터 상수를 반환한다. 변수 `_input`은 그 필터된 값(저주파 통과 필터 상수)을 저장한다. 그 속도(즉, 입력 신호의 변화 속도)를 계산하기 위해 그 필터된 값(`input_filt_change`)은 마지막 호출 이후에 경과된 시간(dt)으로 단순히 나누어진다.

```
    // 저주파 통과 필터를 업데이트하고 _derivative를 계산한다.
    float input_filt_change = get_filt_alpha() * (input - _input);
    _input = _input + input_filt_change;
    if (_dt > 0.0f) {
        _derivative = input_filt_change / _dt;
    }
```

■ 자세 컨트롤을 위한 PID 조정기(PID regulator for attitude control)

하나의 메인 로터(rotor, 회전자)를 가진 헬리콥터와 비교할 때, 멀티콥터들은 선천적으로 불안정하다. 하나 이상의 모터들의 속도 차이들은 자세의 변경으로 이어지고 최악의 경우에는 그 콥터의 휙 젖혀짐을 야기한다. 이것은 일반적으로 매우 빨리(초미만의 범위로) 일어나고 그것은 사용자 입력에 의해 보정될 수 없다. 그 결과, 이것은 그 컨트롤러 회로에 의해 해결되어야만 한다.

쿼드콥터들은 4개의 2중 반전(counter-rotating, 두 개의 같은 종류의 운동 부분이 반대 방향으로 회전하는)의 모터들을 가지고 있다. 그 모터들은 두 가지 서로 다른 방법으로 탑재될 수 있다. x 배열 형태와 + 배열 형태. 두 가지 경우에, 모터들의 속도는 그 장치(쿼드콥터)를 안정적으로 유지하기 위해 끊임없이 조정되어야만 한다. 그 콥터가 고도에서 상승 또는 하강한다면, 모든 모터들은 비례해서 더 빠르거나 더 느리게 돌아야만 한다. 그러나 전진/후진 이동, 왼쪽/오른쪽 이동 또는 요(yaw)를 변경과 같은 명령어들은 모터의 배열 형태에 의존한다. x 배열 형태의 경우에, 전진 이동은 양쪽 아래의 모터들(3, 1)의 상향조절과 양쪽 앞의 모터들(4, 2)의 하향조절을 포함할 것이고 후진 이동을 위해서는 그 반대로 된다. 왼쪽으로 가속은 오른쪽에 있는 모터들(2, 1)의 상향조절을 그리고 왼쪽에 있는 모터들(4, 3)의 하향조절을 포함할 것이고 오른쪽으로 비행을 위해서는 그 반대로 된다. 두 가지 비행 조작은 그 모델(쿼드콥터)을 비례적으로 기울어지게 하고 따라서 기울어진 방향으로 가속을 야기한다. 대각선 모터들(4, 1 또는 2, 3)의 속도를 변경함으로써 요(z축 방향 회전을 의미)에서 변화를 달성할 수 있다. 그 콥터는 모터들의 회전 방향으로 기울어질 것이다. 그 결과, 당신이 그 콥터를 시계 방향으로 돌리길 원한다면, 시계 방향의 대각선 회전은 상향되어야만 하고 반 시계 방향의 대각선 회전은 하향되어야만 할 것이고 다른 방향을 위해서는(콥터를 반 시계 방향으로 돌리길 원한다면) 그 반대로 된다.

하나의 쿼드콥터에 대한 모터 방향들에 대해서 두 가지 가능성(x 배열 형태와 + 배열 형태)들이 있다. 더 많은 모터들을 가진 콥터들에 대해서, 가능한 배열 형태의 양은 훨씬 더 크다. 보통, 서로 마주보고 있는 두 개의 모터들은 언제나 동일한 방향으로 회전하고 반대 방향으로 서로 붙어 있는 모터들은 각운동량(angular momentum, 회전운동하는 물체의 운동량을 가리킴. 물체의 운동량과 물체와 회전축 사이의 거리를 곱한 값으로 표현하는 벡터량임)을 상쇄한다. 이것이 기본 원칙이지만, 트리콥터의 경우는 아니다. 트리콥터의 경우에는, 각운동량을 보상하기 위해 추가적인 서보(servo, 명령에 의해 제어되는 모터를 서보모터라고 함. 즉, 서보모터의 경우 움직임을 지정하면 원형으로 빙빙 돌기만 하는 일반적인 모터와는 달리 제어계측 회로에 의해 정확하게 움직일 수 있는 모터란 뜻임)를 사용해야만 한다. 이에 관해서는 다음 사이트를 참조하라. http://www.dronetrest.com/uploads/db5290/859/ 40a5c03d318a2bbd.png.

최종 모터 출력은 PID 조정기들의 출력과 원격 조종(remote control)의 추진력 신호의 총합이다. 다음의 다이어그램에서 분명히 보여주는 것처럼 롤 출력은 측면 모터들에 더해질 것이고 피치 출력은 전방/후방 모터들에 더해질 것이다.

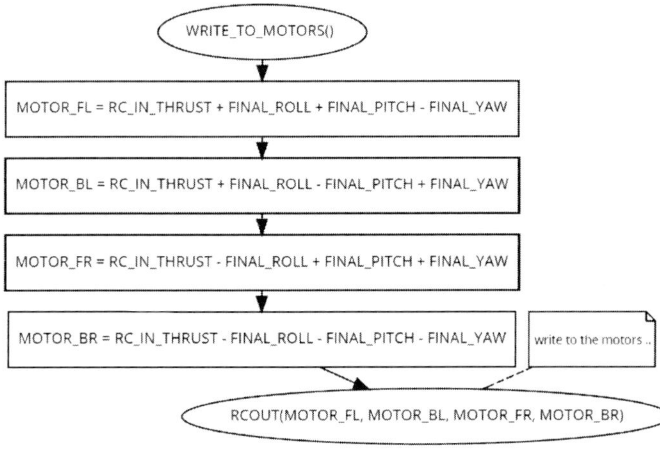

x 배열 형태를 가진 쿼드콥터를 컨트롤하기 위해 모터 출력의 계산은 다음과 같다. 피치 축에 대한 PID 출력은 전방과 후방 모터들에 더해진다. 롤 축에 대한 PID 출력은 측면(왼쪽과 오른쪽)에 있는 모터들에 더해진다. 원격 조종으로부터 그 추진력 입력은 모든 모터들에 더해진다. 최종적으로 요 축에 대한 PID 출력은 대각선으로 있는 모터들에 더해진다.

C++에서, 이것은 여기 아래와 같다:

```
hal.rcout->write(MOTOR_FL, rcthr + roll_output + pitch_output
- yaw_output);
hal.rcout->write(MOTOR_BL, rcthr + roll_output - pitch_output
+ yaw_output);
hal.rcout->write(MOTOR_FR, rcthr - roll_output + pitch_output
+ yaw_output);
hal.rcout->write(MOTOR_BR, rcthr - roll_output - pitch_output
- yaw_output);
```

PID는 현재의 자세와 사용자가 희망하는 자세를 계속적으로 비교한다. 만일 현재의 자세가 사용자의 입력에 맞춰 조정된다면, 모터 출력은 변화되지 않을 것이다. 만일 그 콥터가 희망하는 자세로부터 벗어난다면, 그 모터의 출력은 에러 크기(amplitude, 진폭)와 같이 더 크게 될 것이고 에러는 더 오래 발생할 것이다. 강한 바람이 오랫동안 그 콥터를 원하지 않는 자세로 억지로 밀어붙인다면, 이러한 영향에 대하여 PID의 대응은 그 에러가 보상될 때까지 시간이 지나면서 성장한다.

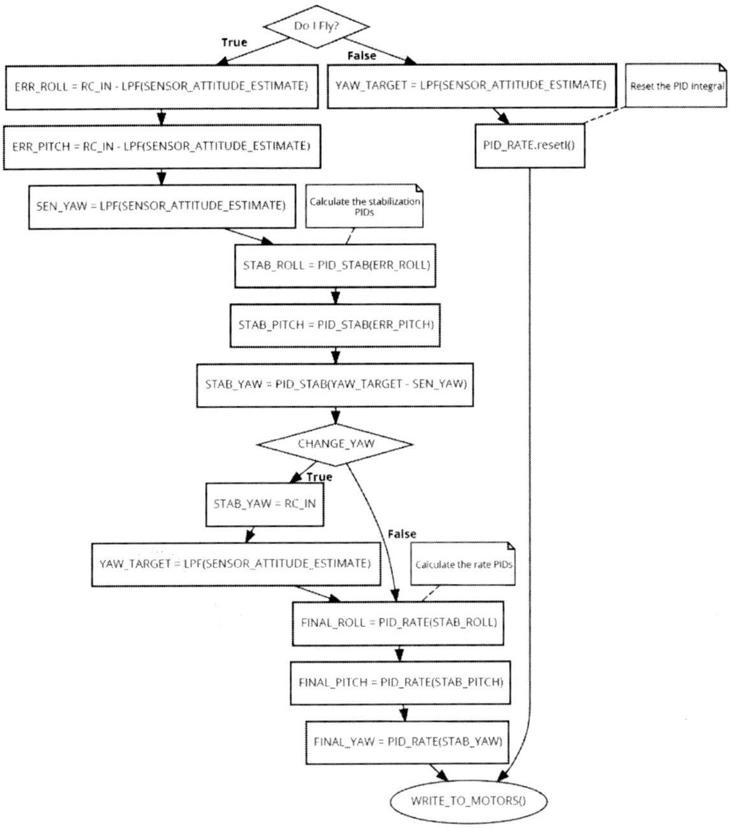

모든 멀티콥터에 대해, 이것은 기본적으로 다음 순서로 동작한다.

1. AHRS에 의해 현재 자세를 추정한다.
2. 자이로계(Gyrometer, 자이로센서와 자이로스코프와 동의어)에 의해 현재의 회전 변화를 추정한다.
3. 현재의 사용자 입력(스로틀, 피치 각도, 롤 각도, 요 각도)을 평가한다.
4. 첫 번째 에러(오차) 항을 추정한다 : 사용자 입력과 현재 자세 사이의 차이

5. 첫 번째 PID의 응용 : 4)의 에러(오차)를 하나의 PID에 전달하고 안정화 출력을 얻는다.
6. 두 번째 에러(오차) 항을 계산한다 : PID 안정화 출력(5.1)과 그 시스템의 변화(2) 사이의 차이
7. 두 번째 PID의 응용 : 6)의 에러(오차)를 두 번째 PID에 전달한다.
8. 그 출력을 모터들에게 보낸다.

첫 번째 PID는 그 콥터를 안정시키는 임무를 가진다. 두 번째 PID는 그 시스템이 실제로 변화하는지를 추정한다. 만일 그 콥터가 이동하지 않는다면 그 에러(오차)는 크게 그대로 있고 따라서 그 모터 출력은 계속 더 강하게 남아 있다. 만일 그 콥터가 희망하는 방향 쪽으로 빠르게 기울어지면, PID 출력은 감소된다.

아래 예에서, 그 콥터가 정지 위치에서 그 자신을 안정시키지 않을 것이기 때문에 스로틀이 어떤 바이어스(bias, 전자관이나 트랜지스터의 동작 기준점을 정하기 위하여 신호전극 등에 가하는 전압 또는 전류)를 초과하는 경우에만 PID는 단지 활성화된다. 게다가, 콥터가 내려가고 있고 다시 시작할 경우에 대비해서 현재의 요(yaw)는 저장될 것이다.

```
/*
 * 다음을 위한 빠르고 시간 결정적인 루프:
 * - 쿼드콥터 컨트롤링
 * - RC 신호들을 가져오기
 */
if(rcthr > RC_THR_MIN + 100) { // 스로틀이 들어 올려지고 안정화를
켠다.
   // PIDS로 안정화시키다.
   float dT = hal.scheduler->millis() - iTimeStamp;
   PID_PITCH_STAB.set_input_filter_all((float)rcpit - pitch);
```

```
  PID_PITCH_STAB.set_dt(dT);
  PID_ROLL_STAB.set_input_filter_all((float)rcrol - roll);
  PID_ROLL_STAB.set_dt(dT);
  PID_YAW_STAB.set_input_filter_all((float)rcyaw - yaw);
  PID_YAW_STAB.set_dt(dT);

  float pitch_stab_output =
    constrain_float(PID_PITCH_STAB.get_pid(), -250, 250);
  float roll_stab_output =
    constrain_float(PID_ROLL_STAB.get_pid(), -250, 250);
  float yaw_stab_output =
    constrain_float(PID_YAW_STAB.get_pid(), -360, 360);

  // pid를 평가하기 위해 만일 즉시 준다면 조종사에게 yaw 변화를
요청한다.
  // (yaw 안정화 출력을 겹쳐 쓰기)
  if(abs(rcyaw ) > 5) {
    yaw_stab_output = rcyaw;
    yaw_target = yaw; // 조종사가 멈출 때를 위해 이 yaw를 기억한다.
  }

PID_PITCH_RATE.set_input_filter_all((float)pitch_stab_output -
gyroPitch);
  PID_PITCH_RATE.set_dt(dT);

PID_ROLL_RATE.set_input_filter_all((float)roll_stab_output -
gyroRoll);
  PID_ROLL_RATE.set_dt(dT);
  PID_YAW_RATE.set_input_filter_all((float)yaw_stab_output -
gyroYaw);
  PID_YAW_RATE.set_dt(dT);

  // PIDS를 평가한다.
```

```
    long pitch_output =
      constrain_float(PID_PITCH_RATE.get_p(), -500, 500);
    long roll_output =
      constrain_float(PID_ROLL_RATE.get_p(), -500, 500);
    long yaw_output =
      constrain_float(PID_YAW_RATE.get_p(), -500, 500);

    // pid 출력을 혼합하고 모터들에 보낸다.
    hal.rcout->write(MOTOR_FL, rcthr + roll_output + pitch_
output - yaw_output);
    hal.rcout->write(MOTOR_BL, rcthr + roll_output - pitch_
output + yaw_output);
    hal.rcout->write(MOTOR_FR, rcthr - roll_output + pitch_
output + yaw_output);
    hal.rcout->write(MOTOR_BR, rcthr - roll_output - pitch_
output - yaw_output);
}
else {
    // 모터들을 끈다.
    hal.rcout->write(MOTOR_FL, 1000);
    hal.rcout->write(MOTOR_BL, 1000);
    hal.rcout->write(MOTOR_FR, 1000);
    hal.rcout->write(MOTOR_BR, 1000);

    // yaw target을 재설정하여서 우리는 이륙 시 이것을 유지한다.
    yaw_target = yaw;

    // 지상에 있는 동안 PID 적분을 재설정한다.
    PID_PITCH_STAB.set_integrator(0);
    PID_ROLL_STAB.set_integrator(0);
    PID_YAW_STAB.set_integrator(0);
}
```

자세 유지 또는 위치 유지와 같은 특성들은 유사하게 구현될 수 있다. 안정화 항을 위한 자리표시자로서, 당신은 현재의 고도/위치와 희망하는 고도/위치 사이의 차이를 삽입할 수 있다. 이러한 에러(오차)를 위해 첫 번째 PI(D)의 출력을 가지고 당신은 두 번째 에러 항을 계산한다. 각속도 대신에, 당신은 z축을 따르는 기압계/GPS로부터 하강 또는 상승 속도 또는 x/y축을 따르는 GPS 속도를 사용할 수 있다. 여기서 D항들은 중요하지 않기 때문에 나는 D항에서 'D'를 괄호 안에 넣는다. 로봇 공학에 있는 모든 것은 최적화 문제이고 그 최적화 문제는 해결되길 원한다.

6. 작은 콥터의 펌웨어에 대한 최소의 예 (Minimal example of a small copter firmware)

서문의 끝에, 나는 ArduPilot 프로젝트 기반의 쿼드콥터 펌웨어(git repo에서 버전 상태 : Copter-3.3)의 작은 예제를 소개했다. 참고로, 앞의 버전 정보에서 git은 svn, cvs와 비슷한 소스 관리 프로그램의 일종을 의미하며 repo는 Python script로 만들어진 tool을 의미한다. 관련된 깃허브(github) 링크에서 소스 코드를 다운로드하고 그것이 올바른 가치인지 확인하라.

```
git clone https://github.com/diydrones/ardupilot.git
cd ardupilot
git checkout Copter-3.3
```

그 펌웨어는 무선 rx을 통하여 명령어들을 받고 그 콥터를 안정시킬 수 있어야 한다. 현 시점에서, 저자는 이 펌웨어가 ArduPilot 라이브러리 기반으로 드론 컨트롤의 기본 원칙들을 실지로 보여주는 단지 한 예제임을 언급하고 싶다. 그 펌웨어는 고도 유지, 위치 유지, 비행 구역들과 같은 향상된 기능(특징)들을 가지고 있지 않고 약간 안전하지 못하다. 그러니 주의

깊게 그 펌웨어를 사용하라!

단순성을 위해, 저자는 ArduPilot 라이브러리에 있는 많은 모듈들을 사용했고 저자는 당신이 똑같이 하길 제안한다. ArduPilot project가 필드 테스트에서 수년 동안 어떤 사람들에 의해 이미 수집되었기 때문에 ArduPilot 라이브러리는 시간을 절약하고 ArduPilot 라이브러리는 테스트되는 것을 적용하기에 안전하다.

```
#include <AP_HAL/AP_HAL.h>
#include <AP_Common/AP_Common.h>
#include <AP_Progmem/AP_Progmem.h>
#include <AP_Math/AP_Math.h>
#include <AP_Param/AP_Param.h>
#include <AP_InertialSensor/AP_InertialSensor.h>
#include <AP_ADC/AP_ADC.h>
#include <AP_ADC_AnalogSource/AP_ADC_AnalogSource.h>
#include <AP_Baro/AP_Baro.h>
#include <AP_GPS/AP_GPS.h>
#include <AP_AHRS/AP_AHRS.h>
#include <AP_Compass/AP_Compass.h>
#include <AP_Declination/AP_Declination.h>
#include <AP_Airspeed/AP_Airspeed.h>
#include <AP_Baro/AP_Baro.h>
#include <GCS_MAVLink/GCS_MAVLink.h>
#include <AP_Mission/AP_Mission.h>
#include <StorageManager/StorageManager.h>
#include <AP_Terrain/AP_Terrain.h>

#include <Filter/Filter.h>
#include <SITL/SITL.h>
#include <AP_Buffer/AP_Buffer.h>
#include <AP_Notify/AP_Notify.h>
```

```
#include <AP_Vehicle/AP_Vehicle.h>
#include <DataFlash/DataFlash.h>
#include <AP_NavEKF/AP_NavEKF.h>
#include <AP_Rally/AP_Rally.h>
#include <AP_Scheduler/AP_Scheduler.h>

#include <AP_HAL_AVR/AP_HAL_AVR.h>
#include <AP_HAL_SITL/AP_HAL_SITL.h>
#include <AP_HAL_Empty/AP_HAL_Empty.h>
#include <AP_HAL_Linux/AP_HAL_Linux.h>
#include <AP_HAL_PX4/AP_HAL_PX4.h>
#include <AP_BattMonitor/AP_BattMonitor.h>
#include <AP_SerialManager/AP_SerialManager.h>
#include <RC_Channel/RC_Channel.h>
#include <AP_RangeFinder/AP_RangeFinder.h>

#include <AC_PID/AC_PID.h>
```

우리는 선언문들로 시작한다. 그 프로젝트의 코드는 원래 아두이노(Arduino) 프로젝트로부터 나왔다. 이것은 header 섹션이 약간 미정동 상태로 보이는 이유이다.

```
// ArduPilot 하드웨어 추상화 계층
const AP_HAL::HAL& hal = AP_HAL_BOARD_DRIVER;
```

이것은 ArduPilot의 하드웨어 추상화 라이브러리에 대한 레퍼런스이다. ArduPilot은 큰 무더기의 지원되는 하드웨어들(PX4, Navio, Navio+, Navio2 등)을 이미 가지고 있다. 따라서 NuttX와 리눅스(Linux)를 위한 HAL이 있다. AVR 지원은 후에 버전들에서 제거되었으나 Copter-3.3 가지에서는 여전히 제시되어야 한다.

```
// ins와 baro 선언문
AP_InertialSensor ins;
Compass compass;
AP_GPS gps;
AP_Baro baro;
AP_SerialManager serial_manager;
AP_AHRS_DCM ahrs(ins, baro, gps);
```

여기에서 하드웨어 드라이버들이 선언된다. 그 예에서, 우리는 현재의 자세를 읽기 위해 ArduPilot의 AHRS 시스템을 사용한다. 이것은 많은 마술과 같은 것이 이미 백그라운드에서 진행되고 있음을 의미한다. AHRS 시스템은 DCM 알고리즘을 사용하거나 확장된 칼만(Extended Kalman) 필터를 사용하고 있다. 이론상으로, 사람들은 가속도계로부터 원시 추정치를 단순히 얻고 그 자세를 계산할 수 있다. 그러나 AHRS 모듈이 잘 테스트되기 때문에 저자는 이 예제에 최소한의 안전을 주고자 한다.

```
// 모터들의 번호 정의
#define MOTOR_FL 2   // 앞 왼쪽 모터
#define MOTOR_FR 0   // 앞 오른쪽 모터
#define MOTOR_BL 1   // 뒤 왼쪽 모터
#define MOTOR_BR 3   // 뒤 오른쪽 모터
#define RC_THR_MIN 1100
```

여기서, 우리는 모터 출력 채널들과 그 루프를 작동시키기 위해 요구되는 최소한의 추진력을 정의한다.

```
// PID 배열 (6 pids, 각 축에 2개)
AC_PID PID_PITCH_RATE(0.7, 1, 0, 50, 20, 0);
AC_PID PID_ROLL_RATE(0.7, 1, 0, 50, 20, 0);
AC_PID PID_YAW_RATE(1.4, 1, 0, 50, 20, 0);
```

```
AC_PID PID_PITCH_STAB(4.5, 0, 0, 100, 0, 0);
AC_PID PID_ROLL_STAB(4.5, 0, 0, 100, 0, 0);
AC_PID PID_YAW_STAB(4.5, 0, 0, 100, 0, 0);
```

이것들은 PIDS의 선언문들이다. 첫 번째 값은 P-항이고, 두 번째는 I-항, 세 번째는 D-항, 네 번째는 IMAX(적분기 최고치, integrator maximum), 다섯 번째는 차단 주파수(D-항), 여섯 번째는 경과된 시간(dT).

```
void setup() {
  hal.console->println("Starting AP_HAL::RCOutput");
  for (uint8_t i=0 i < 8 i++) {
    hal.rcout->enable_ch(i);
  }

  ins.init(AP_InertialSensor::COLD_START,
     AP_InertialSensor::RATE_100HZ);
  ahrs.init();
  serial_manager.init();

  if( compass.init() ) {
    hal.console->printf("Enabling compass\n");
    ahrs.set_compass(&compass);
  } else {
    hal.console->printf("No compass detected\n");
  }

  gps.init(NULL, serial_manager);
}
```

여기서, 우리는 그 시스템을 초기화한다. 이것은 ArduPilot 라이브러리가 기본베이스로 해왔던 AVR 지상 시스템(GCS)의 잔재 유물이다.

```
/*
 * 다음에 대한 루프 :
 * - 쿼드콥터 컨트롤링
 * - RC 신호들을 가져오기
 */

void loop() {
  static float yaw_target = 0;
  static int16_t channels[8] = { 0 };
  uint32_t iTimeStamp = hal.scheduler->millis();

  // 새로운 방향 데이터가 도착할 때까지 기다린다.
  ins.wait_for_sample();

  // RC 채널들을 읽고 채널 배열에 저장한다.
  for (uint8_t i=0 i < 8 i++) {
    uint16_t v = hal.rcin->read(i);
    channels[i] = v;
  }

  long rcthr, rcyaw, rcpit, rcrol // 무선(radio)을 저장할 변수들
의 선언

  // RC 송신기(transmitter)를 읽는다.
  rcrol = channels[0];
  rcpit = channels[1];
  rcthr = channels[2];
  rcyaw = channels[3];
```

여기서 우리는 원격 조정으로부터의 입력을 읽고 그것을 정확하게 지정된 변수들에 저장한다.

```
// 현재의 AHRS 자세 추정치
ahrs.update();
float roll = ToDeg(ahrs.roll) ;
float pitch = ToDeg(ahrs.pitch) ;
float yaw = ToDeg(ahrs.yaw) ;

// 자이로계(gyrometer) 데이터
Vector3f gyro = ins.get_gyro();
float gyroPitch = ToDeg(gyro.y);
float gyroRoll = ToDeg(gyro.x);
float gyroYaw = ToDeg(gyro.z);

// 만일 사용자 정의 추력이 bias를 초과한다면 시작한다.
if(rcthr > RC_THR_MIN + 100) {
  // PIDs 안정화
  float dT = hal.scheduler->millis() - iTimeStamp;
  PID_PITCH_STAB.set_input_filter_all((float)rcpit - pitch);
  PID_PITCH_STAB.set_dt(dT);
  PID_ROLL_STAB.set_input_filter_all((float)rcrol - roll);
  PID_ROLL_STAB.set_dt(dT);
  PID_YAW_STAB.set_input_filter_all((float)rcyaw - yaw);
  PID_YAW_STAB.set_dt(dT);

  float pitch_stab_output =
    constrain_float(PID_PITCH_STAB.get_pid(), -250, 250);
  float roll_stab_output =
    constrain_float(PID_ROLL_STAB.get_pid(), -250, 250);
  float yaw_stab_output =
    constrain_float(PID_YAW_STAB.get_pid(), -360, 360);

  // 조종사가 yaw를 변경한다면, PID 평가를 위해 바로 전달한다.
  if(abs(rcyaw ) > 5) {
```

```
        yaw_stab_output = rcyaw;
        yaw_target = yaw;
      }

   PID_PITCH_RATE.set_input_filter_all((float)pitch_stab_
output - gyroPitch);
      PID_PITCH_RATE.set_dt(dT);
    PID_ROLL_RATE.set_input_filter_all((float)roll_stab_
output - gyroRoll);
      PID_ROLL_RATE.set_dt(dT);
   PID_YAW_RATE.set_input_filter_all((float)yaw_stab_output -
gyroYaw);
      PID_YAW_RATE.set_dt(dT);

      // PIDS 비율을 계산한다.
      long pitch_output = constrain_float(PID_PITCH_RATE.get_p(),
- 500, 500);
      long roll_output = constrain_float(PID_ROLL_RATE.get_p(),
-500, 500);
      long yaw_output = constrain_float(PID_YAW_RATE.get_p(),
-500, 500);

      // 여기서 우리는 PID 출력들을 모터들에게 보낸다.
      hal.rcout->write(MOTOR_FL, rcthr+roll_output+pitch_
output-yaw_output);
      hal.rcout->write(MOTOR_BL, rcthr+roll_output-pitch_
output+yaw_output);
      hal.rcout->write(MOTOR_FR, rcthr-roll_output+pitch_
output+yaw_output);
      hal.rcout->write(MOTOR_BR, rcthr-roll_output-pitch_
output-yaw_output);
   }
```

```
    else {
        // 모터들의 스위치를 끈다.
        hal.rcout->write(MOTOR_FL, 1000);
        hal.rcout->write(MOTOR_BL, 1000);
        hal.rcout->write(MOTOR_FR, 1000);
        hal.rcout->write(MOTOR_BR, 1000);

        // 우리가 이륙시 이것을 유지하기 위해 yaw target을 재설정한다.
        yaw_target = yaw;

        // 지상에 있는 동안 PID 적분을 재설정한다.
        PID_PITCH_STAB.set_integrator(0);
        PID_ROLL_STAB.set_integrator(0);
        PID_YAW_STAB.set_integrator(0);
    }
}

AP_HAL_MAIN();
```

7. 요약(Summary)

이 장에서, 우리는 멀티콥터 이론에 대한 기초를 배웠다. 당신은 당신 자신의 로봇식의(자동 기계 장치로 된) 프로젝트를 위해 PID 조정기를 구현할 수 있어야만 하고 ArduPilot과 같은 오픈 소스 프로젝트들을 이용할 수 있어야만 한다. 또한 당신은 각 센서의 한계에 대해 알고 있고 당신은 소프트웨어 필터들의 응용으로 서로 다른 센서들을 함께 묶을 수 있다.

CHAPTER 4

고정익

지난 몇 년 동안 소비자 드론 시장이 눈부신 성장을 하였다. 드론에 관해 이야기할 때 거의 모든 사람들이 여러 모터가 동시에 움직이는 윙윙 거리는 비행 기계를 염두에 둔다. 즉, 멀티 회전장치(회전 날개 항공기 유형)이다. 그러나 이것은 사실이 아니며, 드론이 고정 날개일 수도 있다. 그것들은 그렇게 일반적이지는 않지만 일부 애플리케이션의 경우에는 나아갈 길이다. 그래서, 이 장에서는 드론 고정익에 대해 다룰 것이다. 우리는 회전식 항공기와의 차이점을 설명하고 일부 응용 프로그램을 보여줄 것이다.

1. 고정익 대 회적익 항공기

드론은 공식적으로 무인항공기(UAV)로 알려져 있다. 항공기는 조종사가 원격 조정하거나 완전히 자율 비행할 수 있다. 우리가 말했듯이 그들은 다중 로터가 필요하지 않다(우리는 이전 장에서 이미 설명했다). 먼저, 고정익과 회전익의 차이점에 대해 설명하겠다. 그 차이를 이해하는 것이 중요하므로 필요에 맞는 올바른 비행체를 선택할 수 있다.

고정익 항공기와 회전익 항공기는 완전히 다른 항공기이다. 이들은 몇 가지 특성을 공유하지만, 이들의 주된 차이(비행 방법)는 완전히 다른 기계로 제작된다. 고정익(비행기)은 비행체 전방 속도로 인한 양력을 발생시키는 날개로 인해 비행할 수 있다. 반면, 회전익은 양력을 발생시키기 위해 연속적인 전진 이동이 필요하지 않다. 로터 블레이드라고 불리는 날개는 추력을 발생시키는 일정한 회전력을 가지고 있다. 이 장에서는 고정익이 회전익 항공기와 비교하여 갖는 장점과 단점에 대해 설명한다. 어떤 고정익은 몇몇의 경우에 콥터와 겹치지만, 다른 것들과는 매우 다르다. 우리는 이러한 차이에 초점을 맞출 것이다.

■ 고정익

고정익은 비행기로 더 알려져 있다. 고정익 항공기는 매우 다양하다. 애호가들에게는 작은 폼 비행기에서부터 대형 목조 복제품까지 모든 것을 다룰 수 있다. 드론에 대해 얘기할 때 보통 전기적으로 배터리를 구동하지만, 특히 무거운 애플리케이션을 위해 액체 연료 엔진을 찾을 수도 있다.

이 Skywalker 1900은 FPV를 위한 훌륭한 비행기이다. 그것은 긴 비행시간을 위해 큰 배터리를 장착할 수 있다. 또, 어떤 장비를 장착하기에 충분한 공간이 있다.

장점 :

고정익 드론을 사용하는 데는 여러 가지 장점이 있으며, 다음과 같은 장점이 있다.

- 보다 효율적이다. 더 긴 시간 동안 더 빨리 가서 더 넓은 영역을 커버한다. 더 효율적이기 때문에 비행시간에 지장을 주지 않으면서 더 무거운 짐을 운반할 수 있다는 것을 의미한다.
- 더 간단하다. 이 때문에 유지 관리 및 수리 과정이 최소화된다. 잘못된 일이 일어났을 때, 고정익 드론은 활공을 하고 비상 착륙을 할 수 있는 더 좋은 기회를 가진다.

단점 :

고정익 드론을 사용하는 데는 몇 가지 단점이 있다는 것을 고려해야 한다.

- 휴대성이 떨어진다. 그들은 수직 이륙 및 착륙이 불가능하기 때문에, 발사/캐처 시스템이 필요하다.
- 호버링을 할 수 없다. 고정익은 앞서 언급한 연속적인 전진운동으로 인해 멈출 수 없다. 이로 인해 고정된 물체를 촬영하는 것과 같은 일부 응용 프로그램에서는 유효하지 않다.

고정익은 특히 좋은 일부 응용 프로그램은 장거리 이동을 포함하거나 긴 비행시간을 필요로 하는 응용 프로그램에 사용된다. 예: 넓은 지역 매핑, 장거리로 배달 등. 이들은 모두 7장에서 자세히 설명한다.

■ 회전익

회전익 항공기의 좋은 예가 헬리콥터일 것이다. 또 다른 예로는 멀티로터가 될 것이다. 소비자 친화적인 드론시장은 일차적으로 가장 일반적으로 사용되는 항공기인 쿼드콥터(4개의 로터)인 멀티로터로 초점을 맞추고 있다.

사진 속에서 우리는 DJI의 F450 쿼드콥터를 볼 수 있다. 비디오 안정화를 위한 짐벌에 Gopro를 장착하고 있으며, 애플리케이션 촬영 용도로 준비되어 있다.

장점 :

고정익과 비교할 때 회전익에는 다음과 같은 장점이 있다.

- 수직 이륙 및 착륙 능력이 있다. 이것은 사출(활주로)이 필수적인 고정익과 비교하여 거의 모든 곳에서 사용할 수 있음을 의미한다.
- 정지(호버) 및 어떤 방향으로든 움직일 수 있다. 호버링은 어려운 환경에서 비행할 때 매우 중요하다. 회전익은 천천히 그리고 옆으로 날아갈 수 있다. 이것은 비스듬한 이미지(예: 건물 주위를 아주 쉽게 날 수 있음)에 유용하게 사용된다.

이제 몇 가지 단점을 살펴보겠다. 하지만, 실제로 여기서 가장 중요한 것은 드론 동작이나 특별한 애플리케이션을 둘 수 있다.

단점 :

회전익 드론은 가장 많이 사용되는 비행 기계임에도 불구하고 몇 가지 중요한 단점이 있다.

- 디자인이 복잡하고 더 큰 기계 및 전기 유지 보수 과정이 필요하므로 평균 가격이 고정익보다 높다.
- 그들은 무거운 하중을 지닐 때 특히 자율성이 떨어진다. 이것은 양력 힘을 사용하는 것보다 더 많은 에너지를 필요로 하는 무게에 대응하기 위해 추력의 큰 힘에 의존하기 때문이다.

회전익 항공기가 고정익을 이용하는 애플리케이션의 예는 다음과 같다.

- **영화 촬영** : 이들은 모든 자유도를 갖추고 있기 때문에 영화 제작에 적합하다: 속도를 늦추거나, 정지하거나, 회전하거나, 가속 등.

- **검사** : 높은 고도에서 호버할 수 있는 능력은 구조물 검사에 완벽하게 적합하다.
- **정확한 배송** : 거의 모든 곳에 착륙할 수 있기 때문에, 정교한 패키지를 정확하게 배송할 수 있다.
- **3D 매핑** : 고정익보다 콥터로 외벽의 사선 이미지를 찍는 것이 훨씬 쉽다.

이제, 우리가 이 차이점을 이해했으므로 고정익 드론이 만들어지는 방법에 초점을 두자.

2. 비행기 부품

이제 고정익 드론의 다른 부분을 설명하겠다. 자신만의 비행기를 만들고 싶거나 적어도 어떻게 작동하는지 알고 싶다면 그것들을 연구할 필요가 있다. 시장에서는 모든 사람의 요구에 맞출 수는 있는 옵션들이 있다. 대부분의 전자 제품과 함께 제공되는 RTF(Ready To Fly) 키트를 구입할 수 있다. 비행기를 구입하고, 맞춤식 전자 설정을 추가하거나, 심지어는 모든 것을 처음부터 다시 만들 수 있다!

고정익은 멀티로터와 공통된 부분을 가지므로 일부 구성 요소들은 이미 이전 장에서 설명했다. 우리는 그것들을 모두 나열할 것이다.

- **동체, 날개 및 구조** : 고정익에는 날개, 글라이더, 트레이너, 푸셔 등 다양한 종류가 있다. 처음부터 스스로 만들고 싶지 않다면 키트를 사야 한다.
- **모터** : 대부분의 비행기에는 단일 모터가 있다. 이 기술은 멀티로터와 동일하지만, 비행기에서는 모터가 리프트를 직접 생성하지 않는다. 그들은 속도를 생성하는 데 필요하다. 모터(pusher: 밀어주는 형

태) 뒤의 프로펠러가 있고, 전방(동체 앞쪽) 또는 동체 어딘가에 장착할 수 있다.

- **ESC** : 전자 속도 제어기(전자변속기). 멀티로터에서와 같다.
- **배터리** : 멀티로터에서 가장 일반적인 기술은 리튬 폴리머(LiPo)이다. 그것은 가장 높은 에너지 밀도를 가지고 있다.
- **수신기** : 드론이 완전히 자율이거나 비행 제어에서 원격 측정을 통해 제어되지 않는한 수신기가 필요하다. 수신기는 조종자 라디오 송신기에 연결되어 제어면(제어될 판)을 움직이고 스로틀 속도를 변경할 수 있다.
- **비행 컨트롤러** : 고정익에서, 비행기의 비행 컨트롤러 보드는 멀티콥터와 동일한 하드웨어를 사용한다.
- IMU(자이로스코프 센서와 가속도 센서)
- GPS
- 나침판

비행기의 특정 전자부품:

■ 서보

서보는 제어면(제어될 판)을 이동하는 데 필요한 것이기에 비행기에서 가장 중요한 부품 중 하나이다. 그들의 메커니즘은 간단하다. 서보 암은 입력 PWM(Pulse Width Modulation) 신호에 의해 지정된 원하는 위치로 이동한다. 이 암은 제어면(푸시로드 사용하여)에 부착되어 이동을 전달한다.

요구된 위치는 서보 암의 출력 위치와 비교된다. 보상기는 이 신호를 조정하고 모터에 입력을 설정한다. 모터가 기어 헤드에 부착되어 있으므로 저속에서도 높은 토크가 출력된다. 포텐션미터는 피드백 신호를 제공하기 위해 출력 샤프트에 연결된다. 서보는 모터가 정지하고 지령 위치로 회전할 때 전력을 소비한다. 서보 규격은 크기, 토크 및 속도이다.

토크는 서보가 적용할 수 있는 최대 회전력으로 결정된다. 일반적으로 센티미터 당 킬로그램(kg/cm) 또는 인치당 온스(oz/in)로 측정된다. 숫자가 클수록 서보가 줄 수 있는 힘이 커진다.

속도 사양은 서보가 회전하는 데 걸리는 시간을 나타낸다. 회전 측정은 60도까지 표준화되었으므로 속도는 서보 휠이 60° 회전하는 데 걸리는 시간이다. 숫자가 작을수록 서보는 빠르게 동작한다.

이것은 아날로그 마이크로 서보이다. 그것은 파크플라이어와 라이트3D와 같은 작은 비행기에 적절하다. 속도: 0.1 sec, 토크: 0.9 kg/cm

기존의 라이브러리를 사용하면 서보를 아주 쉽게 사용할 수 있다. 여기서 아두이노를 이용하여 서보를 어떻게 제어하는가에 대한 예가 있다. 코드는 아두이노 유노보드에 9번 핀에 연결된 서보를 움직인다.

```
#include <Servo.h>
#define PITCH_SERVO_PIN 9    // 서보신호에 PWM 핀9에 연결

Servo pitchServo;            // 서보를 제어하는 서보 object 생성
float desiredPitch;

void setup()
{
  // 서보 object에 9 번 핀에 서보를 연결
  pitchServo.attach(PITCH_SERVO_PIN);
  // 중간위치에 초기화
  pitchServo.write(0);
  }

  void loop()
  {
    int currentAngle = readPitchServo();

    if(currentAngle == 0)
    {
      setPitchServo(10);
    }
    if(currentAngle > 0)
    {
      setPitchServo(30);
    }
    if(currentAngle < 0)
    {
```

```
        setPitchServo(-30);
      }
      delay(1000);                // 1초 딜레이
    }
    void setPitchServo(int angle)
    {
      // 각도를 -90도와 +90도 사이로 제한
      angle = ((angle)<(-90)?(-90):((angle)>(90)?(90):(angle)));
      // 서보 클래스는 0-180도 범위에서 작동
      // 전환하려면 90도를 더해야 한다.
      pitchServo.write(angle + 90);
    }
  int readPitchServo()
  {
    // Servo 클래스에서 각도 얻기
    int angle = pitchServo.read();
    // 전환하기 위해서는 90도를 뺀다.
    return angle - 90;
  }
```

이 예제에서는 서보가 중심위치 내에서 30도 앞뒤로 움직인다. 아두이노 서보 클래스에 어떻게 캡슐화했는지 주목하자. 원래 0~180도 영역 대신에, −90~90도를 사용한다. 이것은 이상적인 의미에서 더욱 0 피치 각과 0 롤 각을 의미하는 0도에 중심에 위치하기 때문에 비행기 서보에 더 적합하다.

예를 들어 서보 피치를 사용했지만 롤의 경우도 정확히 같다. 실제로 더 좋은 해결책은 단일 인터페이스에서 Servo 클래스를 캡슐화하는 것이다.

■ 비행속도 센서(Airspeed Sensor)

비행속도 센서가 비행을 하는 데 꼭 필요한 것은 아니다. 그러나 그들의 정보는 GPS로 주어진 지상 속도보다 훨씬 가치가 있다. 비행속도 센서의

판독 값을 사용하는 비행 컨트롤러는 훨씬 우수한 비행 성능을 제공한다. 그것은 바람이 부는 상태, 느린 비행 및 자율 착륙에 도움이 된다.

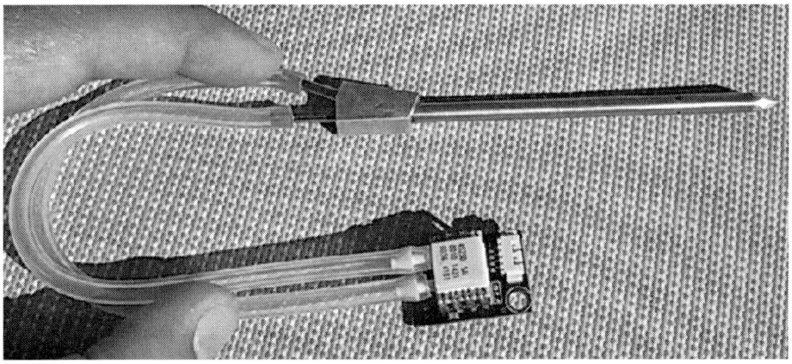

이 센서는 차압을 측정하여 작동한다. 그것은 전면에서 열려 있는 피토 튜브로부터의 공기 압력을 측정하고, 측면에서 흡입된 듀브로부터의 대기 압력과 기압에 의해 공기를 구동하는 공기의 압력을 측정한다.

비행속도는 압력의 제곱근에 따라 달라진다. 다음은 비행속도를 계산하는 함수를 예시하는 예이다.

```
float calculate_airspeed(float highPressure, float
lowPressure)
{
    if (highPressure < lowPressure)
    {
        // 일어나서는 안된다. 단지 0으로 설정
        pressure_difference = 0;
    }
    else
    {
```

```
        pressure_difference = highPressure - lowPressure;
    }
    airspeed = sqrtf(pressure * pressure_ratio);
    return airspeed;
}
```

이 함수를 호출하기 전에 센서로부터 고압 및 저압 변수를 얻었다. 이 측정에 대한 스케일링 요소인 전역변수(pressure_ratio)가 있다. 이 스케일링 요소는 캘리브레이션의 결과이다. 시장에서는 아날로그 및 디지털의 두 가지 종류의 속도 센서가 출시되어 있다. 아날로그 센서는 전압신호로 판독 값을 제공한다. 훨씬 저렴하지만 신호는 잡음에 시달리고 해상도는 낮다. 디지털은 I2C 인터페이스를 사용한다.

3. 비행기 움직임

우리는 고정익의 여러 부분을 검토한 후에, 그것의 움직임에 대한 개괄적인 설명을 할 것이다. 우리는 비행기가 공중에서 어떻게 움직이는지 알아야 할 필요가 있다. 여기서 세 가지 기본적인 비행기의 움직임이 있다: 피치, 롤 그리고 요. 이러한 움직임은 항공기의 모든 축에서도 단위로 측정된다. 대부분의 고정익 드론에서 서보를 사용하여 움직일 수 있다.

- 피치(Pitch) : 코를 위로 - 코를 아래로 움직인다. 피치가 양수이면 항공기는 고도를 올라간다(속도가 충분히 높으면 속도가 빠름). 음의 값이면 고도가 떨어진다. 피치는 일반적으로 단일 서보를 사용하는 엘리베이터에 의해 제어된다.
- 롤(Roll) : 이것은 항공기 날개의 상하 운동이다. 그것은 일반적으로 반대의 움직임을 가진 두 개의 서보가 필요한 에일러론에 의해 제어된다.

- 요(Yaw) : 그것은 방향타(러더)에 의해 제어된다. 피치에서와 마찬가지로 러더는 하나의 서보가 필요하다.

대부분의 비행기에서 서보 분류는 다음과 같이 설명된다. 에일러론(롤)용 두 개의 서보, 엘리베이터(피치) 용 서보 1개, 러더(요) 용 서보 1개. 그러나 이것은 항상 일치하는 것은 아니다. 다른 종류의 고정익이 있기 때문이다.

- 플라이 윙(Flying wings) : 이 유형의 고정 날개는 주 날개와는 별개의 꼬리를 가지고 있지 않다. 단지 두 개의 제어 표면이 있는 단일 몸체로 만들어졌다. 그들은 실제로 엘리본(엘리베이터 + 에일러론)이라고 불리며 일반 비행기의 엘리베이터와 에일러론의 움직임을 결합한 구조이다. 그래서 피칭할 때, 엘리본은 같은 방향으로 움직이는 반면 롤링은 반대 방향으로 움직인다. 아래에는 플라이윙의 예가 있다.

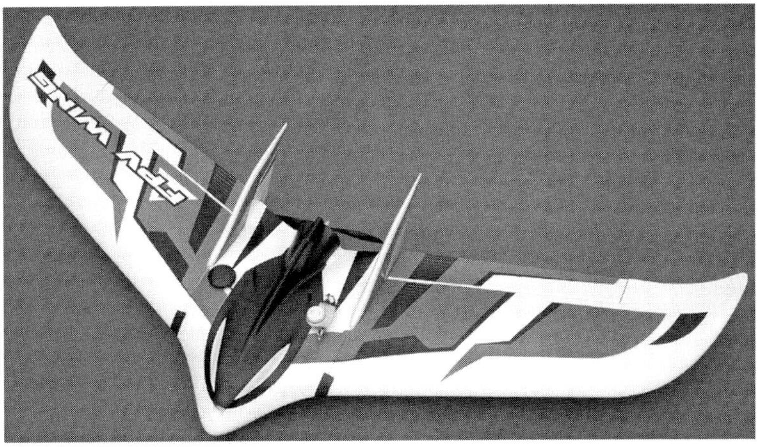

- V-Tail 비행기 : 비행기에서 전통적인 꼬리에는 러더에 대한 수직 제어 표면과 요에 대한 수평 제어 표면이 있다. 이것을 T-Tail이라고 한다. 대신에 고정익은 피치와 요가 결합된 꼬리 제어 장치의 비전통적 배열을 가지고 있다. 이것을 V-Tail이라고 한다. V-Tail은 두 개의 서보와 특별한 믹싱이 필요하다.

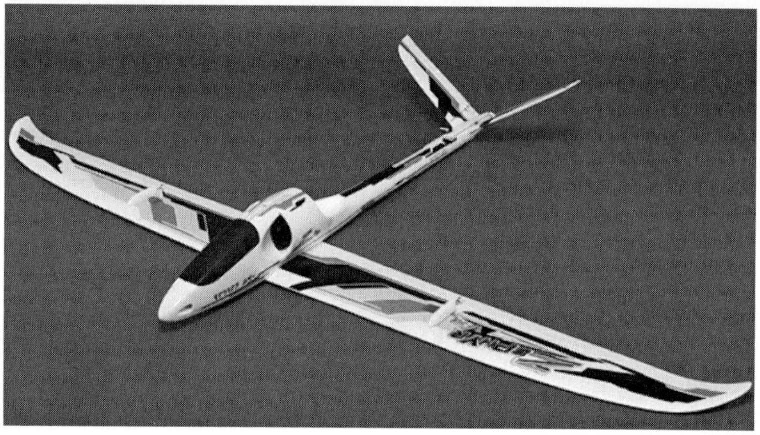

컨트롤 표면의 처짐이 비행기의 움직임에 미치는 영향은 비행 속도에 달려 있음을 명심하라. 높은 비행속도에서 약간의 엘리베이터 입력은 높은 피치를 초래할 수 있지만 낮은 대기 비행속도에서는 동일한 피치에 대해 더 많은 엘리베이터가 필요하다.

일단 우리가 서로 다른 움직임을 이해한다면, 비행기 조종자가 비행기를 안정되게 비행하기 위해 PID를 사용하는 데 그 방법을 알아보자.

4. PID 조정기

PID 컨트롤러는 산업 제어 시스템, 기계 장치, 로봇 및 모든 종류의 비행체에 널리 사용되는 제어 루프 피드백 메커니즘이다. PID 컨트롤러의 작동 방식에 대한 수학적 설명은 상당히 복잡하지만, PID를 효과적으로 사용하기 위해서는 훨씬 간단히 이해할 필요가 있다.

기본적으로 PID 컨트롤러는 원하는 설정 값과 센서의 측정 값간의 차이로 에러 신호를 연속적으로 계산한다. 원하는 동작기(엑츄에이터)가 에러 신호를 보상할 것이다.

멀티콥터와 마찬가지로 고정익 비행 컨트롤러에 관련된 일부 PID가 있다. 그것들은 필수는 아니지만 우리가 비행기를 안정시키기 원한다면 그것들이 필요하다. 이 장에서는 롤(roll)에 대한 PID 컨트롤러의 예를 설명할 것이다.

기본 아이디어는 컨트롤러가 현재 롤과 조종사의 원하는 롤(roll)을 지속적으로 비교한다는 것이다. 롤이 조종사의 입력과 일직선이 되면 서보 각도가 변경되지 않는다. 그러나 비행기가 원하는 롤에서 벗어난 경우, 서보 출력은 오차가 발생하는 시간(적분 항)과 오차가 얼마나 빨리 변하는지(미분 항) 오차 진폭(비례 항)에 비례하여 변경된다. 외란(바람 상태)이 비행기를 오랫동안 원하지 않는 방향으로 롤을 밀면, 이러한 영향에 대한 PID의 응답은 오류가 보상될 때까지 시간이 지남에 따라 증가한다.

비행기가 안정되는 비행시간에서, 비행 컨트롤러는 주기적으로 PID 알고리즘을 호출해야 한다.

```
// 요구된 roll 각도(도)(목표각도)
void stabilize_roll(float demanded_roll_angle)
{
  // 가속도(도) 로부터 현재 roll 각을 얻는다.
  float current_roll_angle = imu.get_roll();
```

```
    // 오차 각을 계산
    float error_angle = demanded_roll_angle - current_roll_angle;

rollServo.set_output(pidRollController.get_servo_out(error_an
gle));
}
```

입력 변수(demanded_roll_angle)는 운전자 입력(수신기 신호) 또는 자동 조종 탐색 알고리즘에 의해 지정된다. 이 코드에서는 세 가지 다른 클래스를 사용한다.

- RollServo : 이 클래스는 롤 서보를 제어하는 데 사용된다. 그것은 이전에 우리가 제시한 것과 유사해야 한다.
- Imu : IMU의 판독값을 담당한다. 내부적으로, 가속도 정보로부터 롤 각도를 계산해야 한다.
- PidRollController : 이 클래스는 실제로 PID 계산을 하는 클래스이다. 이 예에서는 아래에 표시된 두 가지 방법을 사용한다.

```
float PidRollController::get_servo_out(float error_angle)
{
    // 오차 각도로부터 원하는 roll 속도(degrees/second)를 계산
    float desired_rate = error_angle / _timeConstant;
  float servo_output =
get_servo_out_for_desired_rate(desired_rate);

  return servo_output;
}
```

이전 방법에서는 _timeConstant 파라미터로 지정된 시간 내에 오류를 취소하고자 하는 경우 서보에 필요한 변경 속도를 계산했다. 그런 다음 서보

의 최종 출력을 계산하는 다음 함수를 호출한다. 다시 여기서는 두 개의 외부 클래스를 사용한다.

- system : 이 클래스는 프로그램 시작 후 현재 시간을 밀리 초 단위로 가져오기 위해 마이크로컨트롤러에 액세스할 수 있어야 한다. 이것은 I항의 적분을 만들기 위해 필요했다.
- imu : 가속도(이전에 사용한 적이 있음) 외에도 이 클래스는 자이로스코프도 관리해야 한다. 우리는 현재 롤링(roll) 속도를 얻기 위해 이 값을 사용한다.

```
float PidRollController::get_servo_out_for_desired_rate(float
desired_ rate)
{
  long tnow = system.get_millis();
  long dt = tnow - _tlast;
  _tlast = tnow;

  float delta_time = (float) dt * 0.001f;
  // 자이로스코프로부터 롤 속도를 얻는다(degrees/second)
  float current_rate = imu.get_gyro_x();
  // 롤 속도 오류 계산(degrees/second)
  float rate_error = (desired_rate - current_rate);
  // 비례항 계산
  _pidP = desired_rate * _Kp;
  // 적분항 계산
  float integrator_delta = rate_error * _Ki * delta_time;
  _pidI += integrator_delta;
  // 적분 한계 내에서 적분기 상태를 제한
  _pidI = constrain(_pidI, -_imax , _imax );

  // 미분항 계산
```

```
    _pidD = rate_error * _Kd;
    // 한계 내에서 값 제한
    _total = constrain(_pidP + _pidI + _pidD, -45, 45);

    return _total;
}

// 범위 내의 수를 제한
float constrain(float number, float low, float high)
{
    return ((number)<(low)?(low):((number)>(high)?(high):
(number)));
}
```

우리가 볼 수 있듯이, 세 가지 용어(P, I, D)를 계산하여 최종 결과를 얻기 위해 합친다. 함수가 호출될 때마다 P와 D는 변경된다. 그러나 I는 이제 업데이트되었다. 이 컨트롤러에 사용되는 파라미터는 아래에 설명되어 있다. 기체의 각 형태마다 신중하게 조정해야 하지만 기본 값은 다음과 같은 출발점이 있다.

■ _timeConstant: 롤 시간 상수

이 파라미터는 특정 롤 각도가 요구되는 시간(초 단위)을 제어한다. 0.5초는 대부분의 기체에서 사용할 수 있는 좋은 기본 값이다. 이 값은 더 빠른 응답을 얻기 위해 줄일 수 있지만, 항공기가 달성할 수 있는 시간보다 짧은 시간을 설정할 수는 없다.

_KP: 비례 이득 :

이 파라미터는 롤 각도 오차에서 에일러론까지의 이득 값이다. 이 이득을 높이면 제어 시스템 응답 속도가 빨라진다. 그러나 너무 크게 설정하면 비행기가 진동하기 시작할 수 있다.

_KI: 적분 이득 :

이것은 롤 각도 적분에서 에일러론까지의 이득이다. 이 파라미터를 증가시키면 컨트롤러가 항공기의 트림이 부족하여 일정한 에러를 무시할 수 있다.

_KD: 감쇠 이득 :

이것은 롤 비율에서 에일러론까지의 이득이다. 이것은 롤 제어 루프의 감쇠를 조정한다. 이 이득은 난기류에서의 롤링을 줄이는 데 도움이 된다. 너무 높게 설정하면 고주파수 롤 진동이 발생할 수 있다.

_IMAX: 적분기 제한 :

이것은 적분기가 작동하면 에일러론의 각도가 제한된다. 기본 설정에서 적분기는 ±30도의 서보 이동으로 제한될 것이다. 최대 서보 편향 각은 ±45도이므로, 기본 값은 전체 제어기의 2/3로 표현되며 항공기가 심각하게 벗어나지 않는 한 적절하다.

모든 파라미터가 있는 PidRollController 클래스의 헤더 파일은 다음과 같다.

```
#ifndef __PID_ROLL_CONTROLLER_H__
#define __PID_ROLL_CONTROLLER_H__

#include "imu.h"
#include "system.h"
```

```
class PidRollController {
public:
   PidRollController();

   float get_servo_out(float error_angle);
   void reset_Integrator();

   // bank각을 다다르게 요구하는 초단위에서 시간상수를 제어한다.
   static const float _timeConstant = 0.5;

   //비례 이득
   static const float _Kp = 0.2;

   //적분 이득
   static const float _Ki = 0.02;

   //완충(댐핑) 이득
   static const float _Kd = 0.02;

   //적분기 제한
   static const float _imax = 30;
private:

   float get_rate_out(float desired_rate);
   long _tlast;
   float _pidP;
   float _pidI;
   float _pidD;
 float _total;
};
```

정적 변수는 구성 가능한 파라미터이다. 비휘발성 메모리에 저장해야 한다.

이것은 PID가 고정익 비행 컨트롤러에 어떻게 존재하는지 보여주는 예이다. 단순화를 위해 사용하지 않는 것들이 많이 있다.

매우 중요하지만 PID가 더 많이 포함되어 있기 때문에 롤을 예제로 사용했다. PID는 피치(pitch)(롤과 같이 중요하다. 실제로는 매우 유사하게 보일 것이다), 요(yaw), 조향(steering)등도 포함한다.

5. 비행 모드

멀티로터에서처럼, 고정익 비행 컨트롤러는 일부 비행 모드를 구현해야 한다. 이름이 하나인 컨트롤러마다 다를 수 있고, 결합일 수 있지만, 기본 비행 모드는 다음과 같다.

■ 수동 모드

이 비행 모드에서 조종사는 서보 출력을 직접 제어한다. 비행 컨트롤러가 간섭하지 않는다. 비행 컨트롤러가 이상하게 작동하는 경우(예: 센서 장애, PID 파라미터 오류, 소프트웨어 버그)에 대비하여 되돌아 오는 것이 안전 모드(safe mode)이다. 이상적으로, 이 모드는 하드웨어 바이패스에 의해 이루어지므로 수신기의 신호가 직접적으로 서보 모터로 전달된다.

■ 안정 모드(Stabilize mode)

운전자 컨트롤러는 보통 서보 출력을 정상적으로 제어하지만, 입력이 있기 때문에 비행기는 자체를 안정화하려고 시도한다. 입력이 없을 때 목표 피치와 롤이 0이므로 서보가 결과적으로 그 지점에 도달하려고 움직인다.

■ 와이어 비행

와이어 비행 모드에서는 파일럿이 서보 출력을 직접 제어하지 않는다. 대신 그는 비행기를 어디로 가야 할지 알려준다. 이 모드에서 비행기는 수동 또는 안정화 모드에서 발생하는 롤링/피칭을 계속하는 대신, 조작자 입력에 의해 지정된 롤 및 피치를 유지한다. 자동 조종 장치가 고도, 속도 및 방향을 제어하는 와이어 모드의 변종이 있다. 그것들은 아래에 설명되어 있다.

■ 고도 제어

이전의 모드에서는 비행기가 안정적으로 날지만 외란으로 인해 고도가 느슨해지거나 상승할 수 있다. 이 모드에서는 비행 제어기가 기압계의 고도 측정치를 고려하고 고도를 유지하기 때문에 이러한 현상이 발생하지 않는다. 따라서 피치 각을 제어하는 대신 운전자는 비행 컨트롤러가 고도를 얻거나 느슨하게 할 것을 요구한다. 즉, 운전자는 목표 고도를 설정한다. 이것은 ArduPlane에서 fly-by-wire-B 모드로 불린다.

■ 스로틀 제어

비행 게시판은 스로틀을 제어할 수도 있다. 스로틀 스틱을 사용하면 조종사가 비행속도를 설정할 수 있다. 이 기능이 제대로 작동하려면 비행속도 센서를 사용하는 것을 권장한다. 비행 제어는 GPS 속도를 사용하여 자극을 줄 수 있지만 바람이 많이 부는 조건에서는 나쁜 결과를 초래할 수 있다. 일반적으로 고도 제어와 스로틀 제어가 혼합되어 사용한다. 이것은 고도를 얻거나 느슨하게 하고, 피치를 제어하기 때문에, 비행 제어기가 그에 따라 스로틀을 적절하게 변경해야 한다. 비행기가 실속 속도 바로 위를 비행할 때, 조종사가 피치를 올릴 때(기수 - 상승) 비행기는 상승하지 않는다. 따라서 스로틀을 증가시키지 않으면 떨어질 것이다.

■ 헤딩 락(Heading rock, 방위고정)

고도와 마찬가지로 비행이 안정적 일지라도 교란으로 인해 비행기 헤딩은 변화될 수 있다. 이 모드가 설정되면 비행 제어기는 운전자의 입력이 없을 때 GPS 위치 지정을 헤딩락(전방고정)으로 사용한다. ArduPlane에서 이것은 고도와 스로틀 제어가 있는 크루즈 모드에서 수행된다.

■ 자동 모드

자동 모드에서 비행기는 운전자가 입력하지 않아도 스스로 비행한다. 이전에 GCS(노트북, 태블릿, 스마트 폰이 될 수 있음)로 운전자가 미리 설정한 웨이포인트(waypoint)들을 통과할 것이다. 이것은 비행기가 실제로 완전히 자율적으로 되는 가장 복잡한 모드이다. 자동 모드는 항공편의 일부분으로 언제든지 켜거나 끌 수 있어, 전형적으로 이륙 및 착륙을 하고, 수동으로 수행할 수 있다. 비행기가 비록 자율적이지만 조종사는 지속적으로 작업을 감시해야 하며 위험한 상황이 발생할 경우 제어권을 인수해야 한다. 이러한 유형의 비행기를 위한 완벽한 비행 컨트롤러가 필요하다. 자동 비행 이착륙을 위한 가속도계, 자이로스코프, 기압계, GPS, 지자계 및 이상적으로 비행속도센서와 LIDAR 센서가 필요하다.

6. 비행 컨트롤 보드

멀티로터와 달리, 비행 컨트롤러들은 고정익에는 필수가 아니다. 제어면(타면)을 무선 송신기가 직접 명령할 수 있기 때문에 비행을 하고 싶다면 필요하지 않다. 그러나 모두가 비행 기술을 가지고 있는 것은 아니며 비행 컨트롤러가 비행에 도움을 제공한다. 또한 일부 애플리케이션의 경우 자동으로 비행할 수 있는 비행기가 필요하다.

대부분의 보드에는 자체 펌웨어가 내재되어 있다. 그러나 개발자가 자신의 코드를 업로드할 수 있는 좋은 옵션들이 있다. 이 장에서는 비행기 용 비행 제어보드를 보여 줄 것이다. 그것들은 어떤 코드를 작성하지 않으려는 DIY 프로젝트에 대하여 충분히 만족한다.

그것이 가장 일반적으로 사용되는 항공기이기 때문에 멀티콥터에 사용할 수 있는 많은 다른 보드가 존재한다. 그러나 고정익의 경우에는 여전히 몇 가지 대안이 있다.

■ 사이클롭스 토네이도(Cyclops Tornado)

이것은 사이클롭스의 최신 비행 컨트롤러이다. IMU, 속도 센서 및 OSD를 보드에 포함시키면 매우 저렴한 가격으로 매우 컴팩트한 장치이다. 별도의 작은 보드에 들어 있는 전류 센서(별도의 작은 보드에 포함), 피토튜브 및 GPS를 연결하기만 하면 된다. 무엇보다도 그것은 웨이포인트(waypoint) 비행, 원점 복귀, 구성 가능한 최소 및 최대 순항 속도, 스로틀을 통한 비행 속도 제어 및 TF 메모리 카드 비행 기록을 지원한다.

■ 벡터

벡터 자동항법장치는 여러 개의 비행기체를 지원한다. 그것은 멀티로터, 전통적인 고정익, 엘레본(Elevon) 및 V-tail 비행기를 지원한다. 일반적인 GPS/지자계 및 전류 센서는 메인 보드에 연결하는 다른 장치로 제공된다. 비행속도 센서는 별도로 사용할 수 있다.

■ 이카루스 OSD(Ikarus OSD)

스페인어 회사의 Ikarus OSD, Dark Star Robotics는 하나의 OSD 자동항법장치에서 모두 가능하다. 주로 FPV 비행에 중점을 맞춘다. 그것은 최대 두 대의 카메라를 처리할 수 있다. 집에 돌아갈 수 있는 능력과 웨이포인트 네비게이션(최대 31개의 웨이포인트)이 있다. 그것은 "Elevon"과 "V-tail" 혼합의 가능성을 가지므로 모든 유형의 고정익 기체에 사용할 수 있다.

■ Ardupilot 기반 보드

Ardupilot은 고정익 항공기뿐 아니라 멀티콥터, 전통 헬리콥터 및 지상 로더(차량)를 제어할 수 있는 훌륭한 오픈 소스 프로젝트 플랫폼이다. 위키에서 전체 목록을 찾을 수 있지만 가장 중요한 두 가지는 다음과 같다.

- APM(ArduPilot Mega) :이 보드는 현재 폐기되고 있다. 최신 ArduCopter 펌웨어를 실행할 수 없으며 ArduPlane에 대한 기능이 제한되어 있다. 그러나 그것은 Ardupilot의 인기를 어떻게든 책임지고 있는 몇 년 동안 가장 많이 사용된 보드였다.
- 픽스호크(Pixhawk) : 픽스호크는 APM 하드웨어의 후속 제품이다. 32비트 아키텍처, 더 나은 프로세서, 더 많은 메모리 및 여분의 IMU 센서를 갖추고 있다. 더 빠른 대안이 있지만 픽스호크는 최신 ArduPlane 펌웨어를 실행하기에 충분하다.

다음 그림에서 우리는 스카이워커(Skywalker)의 위쪽 베이에 있는 픽스호크(Pixhawk)를 볼 수 있다. 이 RC 모델에는 비행 컨트롤러를 장착할 수 있는 특수 베이가 있다. 이 베이는 전자(ESC, 모터, 배터리)의 나머지 부분과 분리된 평평한 표면이지만 수리 및 접근성이 좋다. Ardupilot 호환 보드를 비행기에 사용하려면 ArduPlane 펌웨어를 업로드해야 한다. 우리는 다음 장에서 그것에 대해 이야기할 것이다.

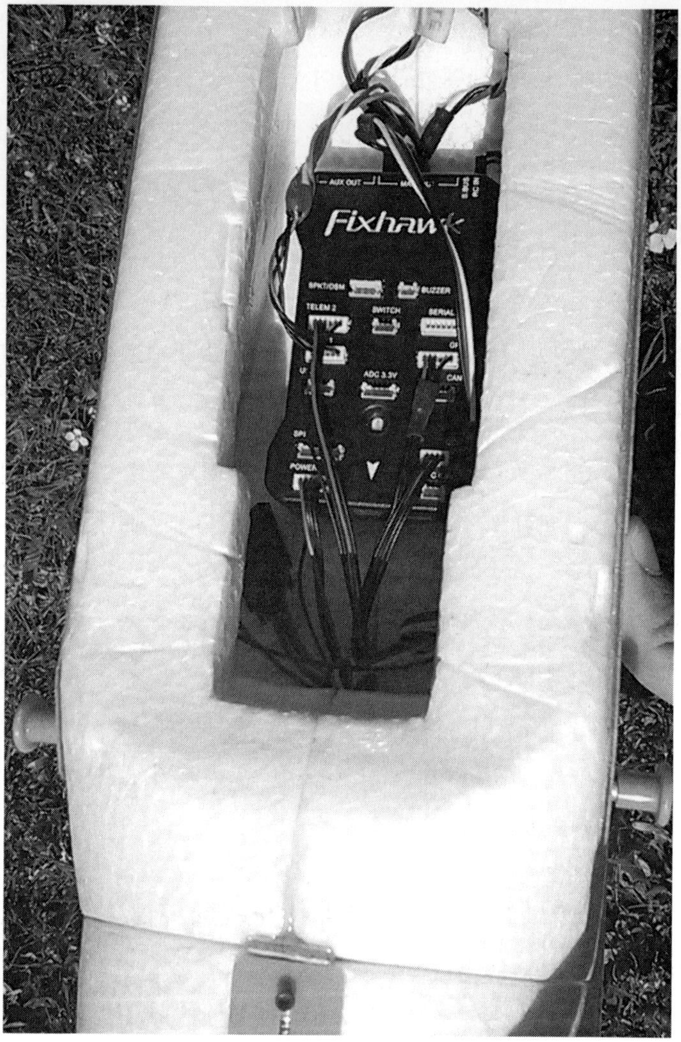
Fixhawk
SPKT/DSM
BUZZER
TELEM 2
SWITCH
SERIAL
ADC 3.3V

7. ArduPlane

ArduPlane은 Ardupilot 프로젝트 내의 고정익 항공기용 펌웨어이다. 오픈 소스를 원한다면 이것이 최선의 선택일 것이다.

호환 컨트롤러 보드에서 작동하는 ArduPlane 펌웨어는 거의 모든 종류의 기존 RC 비행기를 완전한 자율 비행체로 전환할 수 있다. 이 코드는 웨이포인트, 지오펜싱(geofencing), 자동 이착륙 및 카메라 제어와 같은 고급 UAV 기능을 제공한다.

완전한 UAV 솔루션은 비행체 펌웨어뿐만 아니라 지상 제어 스테이션(GCS) 소프트웨어를 필요로 한다. 이것은 ArduPlane에서 많은 GCS(예: MissionPlanner, APM Planner 2, Tower)에서 사용되는 개방형 통신 프로토콜인 MavLink를 사용하기 때문에 문제가 되지 않는다.

비록, 오픈 소스 소프트웨어가 초보자에게 항상 편리한 것은 아니지만 ArduPlane은 실제로 초보자에게 쉽게 접근할 수 있다. 그렇다고 전문가에게 적합하지 않다는 의미는 아니다. 사실 그들은 사용자 정의 및 확장된 임무 기능들에 대한 끝없는 옵션을 찾을 수 있을 것이다. 교육 및 연구 목적으로도 사용될 수 있다.

현재의 기능(커뮤니티의 필요에 따라 지속적으로 증가하고 있음) 중에서 다음과 같은 것들이 있다.

- GCS 구성 인터페이스 클릭 및 포인트가 쉽게 되어 있다.
- **완전히 자율적인 임무** : 자동 이륙 및 착륙을 포함한 수백 개의 3차원 웨이포인트를 지원한다.
- **실속 방지** : ArduPlane은 특정 모드에서 실속을 방지하기 위한 논리를 가지고 있다.
- **지오펜싱(Geo-fencing)** : GPS 위치의 닫힌 다각형으로 지정된 이륙 영역 주위에 가상 펜스(fence)를 설정할 수 있다.

- 지형 추적 : 자동 조종 장치가 지형을 이해하는 데 사용할 수 있는 해발보다 높은 지리적 위치의 격자를 유지하는 것이 가능하다.
- 여러 비행 모드 : 이전에 설명한 모드 포함
- 페일세이프(Failsafe) : 제어 신호가 손실되거나 배터리 상태가 낮아서 프로그래밍이 가능한 많은 페일세이프(failsafe) 옵션이 있다.
- 카메라 제어 : UAV 매핑 애플리케이션에 대한 트리거 조건을 설정할 수 있다.
- 실시간 원격측정(Real Time Telemetry) : 데이터 송수신기를 사용하여 지상관제 컴퓨터와 UAV 사이에서 원격 측정 정보 및 제어가 가능하다.
- 전체 데이터 로깅 시스템 : 포괄적인 사후 미션 분석을 제공한다. 구글어스에서 데이터 로그를 그래프로 볼 수 있다.

UAV 애플리케이션에 ArduPlane을 사용하려면 필요한 모든 정보를 찾을 수 있는 위키가 있다. 새로운 기능이 추가되면서 업데이트된다.

http://plane.ardupilot.com/

CHAPTER 5

안전과 규제(Safety and Regulations)

특히 비행하는 로봇들에서 소프트웨어를 실행할 때 안전을 고려하는 것은 매우 중요하다. 사생활 침해 문제와 재산과 생명에 해를 끼칠 수 있는 다루기 힘든 드론의 잠재성에 대해 일반 국민이 가지는 염려 때문에 드론들은 미국에서 논란의 근원이 되어 왔다. 이 장의 첫 번째 섹션은 조종사, 실수 또는 잘못된 소프트웨어에 기인하는 위험한 비행으로부터 자신과 다른 사람들을 보호하는 방법에 대한 것이다. 또한, 드론 조종사들에 대한 미국의 법률상의 요구사항들을 다루는 것에 대한 개요가 있다. 후반부는 똑같이 중요한 당신의 드론 소프트웨어의 보안에 대한 것이다. 당신의 코드에서 엑스플로잇들(exploits, IT 시스템의 취약점을 공격하여 보안을 위협하는 방법으로 서비스 거부 공격, 원격 명령어 실행, 버퍼 오버플로우 공격 등이 있음.)이 없음을 확신하는 것은 당신의 무인항공기시스템(UAS)이 일관되고 안전하게 그리고 누군가 그 UAS를 납치하는 것에 대한 위협이 없이 실행할 것임을 보장함에 매우 중요한 부분이다.

1. 운영상의 안전(Operational safety)

안전한 비행에 첫 번째 단계는 드론에 내장된 소프트웨어의 안전 특성(safety features, 안전 기능)들을 이해하고 그런 다음 그 특성들을 보완하기 위해 절차상의 안전 시스템을 개발하는 것이다. 현대의 UAS는 엔진 시동(arming)과 정지(disarming)와 같은 다수의 안정 특성들을 포함하나 단지 그것에 의존하는 것은 충분하지 않다. 대부분의 소형화기(firearms)들이 안전하다고 해서 전미 총기 협회(NRA : National Rifle Association)가 소형화기들의 적절한 취급에 대한 엄격한 요구사항을 가지지 않는 것은 아니다. 대부분의 사람들은 조종 불능 드론의 위험을 과소평가하고 나중에 그 대가를 치른다. 다음 섹션은 안전한 시스템상과 절차상 UAS 이용을 구성하는 것에 대한 이해를 도와야 한다. 현실세계에 UAS를 가지고 나가기 전에 시뮬레이션에서 새로운 소프트웨어를 광범위하게 테스트한다는 것을 명심하라; 소프트웨어 드론들을 망가트리는 것은 실제의 드론들을 망가트리는 것보다 값싸고, 더 쉽고, 더 안전하다.

■ 안전해지는 방법(How to be safe)

비행을 위한 준비를 하는 데 연관된 많은 요인들이 있다. 비행 지역, 날씨 상태, 로봇에서 실행중인 장비와 소프트웨어의 상태와 같은 고려사항들이 고려될 필요가 있다. 성공적인 비행을 위해 이러한 요소들의 모두를 관리하는 것은 비교적 간단한 절차이고 미리 결정된 단계들에 대한 단지 성실한 실행을 요구한다. 앞으로 다루게 될 섹션들이 비행의 각 단계에 대한 모범 사례들을 상세하게 기술할 것이긴 하지만 주의를 기울이는 사고방식을 개발하는 것이 가장 중요한 것이다. 엉성한 프로그래머가 생각 없이 코드를 작성하는 것과 같이, 부주의하게 하는 것은 참사로 이어진다. 당신의 UAS는 허술한 연결과 부주의한 설정으로도 당신 드론의 비행 또는 착륙은

변함없이 문제들을 일으킬 것이다. 동력을 공급할 때 끊임없이 주의를 필요로 하는 것으로서 드론들을 이해하는 것이 작은 사고를 피하는 것에 대한 가장 큰 지름길이다.

비행 지역을 선택하기(picking a flying site) :

멀티콥터들은 거의 모든 곳에서 이륙하고 착륙할 수 있는 능력을 제공한다. 그들이 생각할 수 있는 거의 어느 장소에서나 비행하는 전문 FPV(First Person View, 1인칭 시점, RC 비행기나 드론을 비행하며 영상을 고글을 통해 실시간으로 보면서 조종하는 기능을 말함.) 조종사들이 소유한 믿기 힘든 비디오들이 있다. 조종사들이 고난이도 비행을 정확하게 해내는 것과 아찔한 속도를 보는 것은 엄청나게 재미있을 수 있다. 그러나 새로운 소프트웨어 테스트를 모색하고 있는 새로운 조종사들과 개발자들은 가장 알맞은 비행 지역이 어디인지를 고려해야 만 한다.

안전한 비행 지역에 대한 몇 가지 핵심 포인트들을 고려하는 것은 개발자들과 조종사들이 이상적인 테스트 공간을 찾게 도울 수 있다.

1. 사람들이 그 비행 지역을 돌아다닐 가능성이 없다.
2. 그 비행 지역은 확실하게 표시되고 근처에 사유 재산이 없다.
3. 극히 소수 장애물들이 있거나 또는 장애물들이 없다.
4. 비행하고자 하는 곳에서 비행하는 것에 반대하는 사람이 아무도 없다.
5. 그 비행지역이 다른 비행 제약사항들을 가진 지역이 아니다.
6. 그 비행지역이 공항에서 5마일 안에 있는 지역이 아니다.

일반적으로, 최고의 비행 지역들은 모형 항공 아카데미(AMA : Academy of Model Aeronautics)의 지역 지부에 의해 관리되는 지역들이다. AMA는 미국의 RC 비행에 관심이 있는 사람들을 위한 전국적인 단체이다. 그들은

RC 비행기, 헬리콥터, 멀티콥터를 위한 이벤트들을 후원한다. AMA는 AMA 규정으로 비행 지역들을 유지하는 특별한 동호회들로 구성된다. AMA 지역에서 비행은 보통 당신이 AMA의 회원임을 요구하나 또한 AMA 멤버쉽(membership)은 보험 증서(insurance policy)와 같은 어떤 중요한 이익들을 제공한다.

AMA와 관계없이, 좋은 비행 지역을 발견하는 것은 성공적인 드론 운용에 매우 중요하다. 그 지역이 드론 비행에 최적임을 보장함으로써, 당신은 이미 성공을 향해 한발짝 앞으로 나간 것이다. 동일한 지역에서 비행은 물리적인 테스팅이 가능한 일관성을 보증한다. 또한, GPS를 필요로 하지 않는 UAS는 실내에서 조종될 수 있고 그렇게 함으로써 드론의 운용에 영향을 미치는 외력에 대한 거의 모든 가능성을 제거할 수 있다. 이것은 학술연구에서 특별히 컴퓨터 비전과 드론 무리를 제어하는 데 집중된 연구 프로젝트들에서 특히 인기 있음을 입증하였다.

시작 절차들(starting procedures) :

다른 중요한 단계는 일관된 시작 절차를 개발하고 그 절차를 고수하는 것이다. UAS 비행을 시작하기 전에 단계들에 대한 체크리스트 생성은 안전하고 에러 없는 환경 생성에 필수적인 부분이다. 테스트들 사이의 모든 단계에서 일관성은 또한 어느 실험의 결과를 개선하고 물리적인 테스팅 효율성을 증가시킨다.

일반적으로 제대로 된 시작 절차에 대한 단계들은 부근에 행인들이 없음을 보증함을 포함한다. 항공기에 대한 비행 전의 점검, 조종면 테스팅, UAS에 대한 연결 체킹, 모든 배터리 수준들의 체킹, 모든 관련 센서들의 체킹은 가동할 준비가 갖춰진 것이고 그런 다음에 최종적으로 이륙한다. 적절하고 안전한 UAS의 운항을 보장하기 위해 단계적인 비행 전의 체크에 대한

한 예가 아래에 있다.

비행 전의 체크리스트

1. 상자에서 송신기를 꺼낸다.
2. 송신기를 켠다.
3. 기지국을 켠다.
4. 비디오 모니터를 켠다.
5. 상자에서 UAS를 꺼낸다.
6. UAS 내장 카메라에 SD 카드를 삽입한다.
7. 내장 카메라에서 렌즈 뚜껑을 제거한다.
8. 깨끗하고 안전한 이륙 지역에 UAS를 둔다.
9. UAS의 배터리를 체크하고 그 다음에 UAS를 켠다.
10. 모든 적절한 소프트웨어가 실행중이고 UAS와 통신중인지를 검증한다.
11. 당신이 이륙하고 있음을 현장에서 큰소리로 알린다.
12. 이륙한다.

이러한 단계들을 따르는 것은 시간 소모가 크거나 지루하다고 느낄 수 있으나 그 단계들은 드론의 정확한 작동에 매우 중요하다. 많은 사람들은 아주 작은 UAS의 능력을 가소 평가한다. 프로펠러들은 빠르게 깊숙이 자를 수 있고 리포 배터리들은 폭발할 수 있다. 하드웨어 고장의 한계를 넘어서, 소프트웨어나 작동자 실수 때문에 사람이나 재산에 드론이 충돌하는 것은 최선의 경우에는 당혹스럽고 최악의 경우에는 죽음을 초래한다. 거의 모든 현대의 내장된 드론 소프트웨어는 중요한 안전 특성(기능)들을 포함하나 시스템적인 안전 시스템은 절차적인 안전 시스템보다 가치가 적다.

좋은 안전 습관의 개발은 드론 커뮤니티에서 일반적으로 높이 평가될 것이다. 공중과 지상 양쪽에서 모범적인 행동을 보여주는 조종사들보다 사람들에게 더 인상 깊은 것은 없다. 단순비행과 안정모드를 사용하여 천천히 연습하는 것은 작동자의 실수에 의해 초래되는 위험들을 완화시킬 것이다.

2. 현재의 규제 환경(Current regulatory environment)

드론들을 둘러싼 규제 환경은 미묘한 차이와 논란으로 가득 차 있다. 드론들이 작동되는 방법과 정부 규제가 얼마만큼 연관되는지에 관한 수많은 대중의 조롱이 있다. 시민들은 그들의 안전과 사생활 침해를 보장하는 데에 걱정하고 그것을 보장하는 데 정부의 보호를 촉구한다. 다른 한편으로, UAS 산업의 회원들은 그들이 정부의 엄격한 감독을 받지 않고 FAA(Federal Aviation Administration, 미국의 연방 항공국)는 드론들의 사용을 확실히 컨트롤하지 않는다고 믿는다. 이 책을 쓰는 현재, FAA에 의해 정의된 3가지 부류들의 드론 사용법이 있다. 각 부류는 그 자신의 제정법 문건에 지배를 받는다.

이러한 범주들은 다음과 같다.

1. 레크리에이션
2. 상업적
3. 공공

이러한 범주들의 각각에 관한 법들은 FAA에 의해 생성되었고 그 법들은 또한 AMA(모형 항공 아카데미)의 권고안들이다. 위 두 조직들은 모두 행복할 수 있는 타협에 이르기 위해 함께 일한다. 각 유형별 UAS 조종사가 가지는 법률상의 요구사항에 대한 의문의 여지가 없도록 하기 위해 각 범주는 아래에 설명될 것이다.

또한, FAA는 무게 0.55파운드(250 g, 참고. 1pound는 0.454 kg임)와 55파

운드(25 kg) 사이의 모든 무인 항공기는 정부에 등록되어야만 한다고 요구한다. 등록은 다음의 웹 사이트에서 행해질 수 있다. https://registermyuas.faa.gov/. 그 등록 절차는 5달러의 비용이 들고 수분 안에 행해질 수 있다. 정보를 제공하는 웹 사이트 KnowBeforeYouFly(AMA와 FAA의 협력)에 따르면, 항공기 미등록은 27,500달러까지 벌금(civil penalties)을 받을 수 있다. 미등록에 대한 형사 처벌은 미연방법(U.S.C. : United States Code) 3571의 18 하에 250,000달러까지의 벌금을 포함할 수 있고(있거나) 3년 이하의 징역형을 받는다.

■ 레크리에이션 이용(Recreational use)

FAA에 따라, 작은 무인 항공 시스템(작은 UAS)들은 무게가 0.55파운드(250 g) 이상이고 55파운드(25 kg)보다 적은 어느 드론으로서 정의된다. 레크리에이션 드론에 관해, 레크리에이션 드론은 상업 목적으로 사용되지 말아야 하고 이것은 재정적 보상이 드론 비행으로부터 얻어지지 않는다는 것을 의미한다. 레크리에이션 이용과 상업적 이용 사이의 차이점들의 예를 위해, 아래의 차트를 보아라.

레크리에이션 이용	상업적 이용
지역 클럽에서 모형 항공기를 조종함	항공기로 곡예비행을 보여주는 데 돈을 받음
개인용도를 위해 UAS로 사진을 찍음	그들이 판매하려는 소유물을 UAS 조작자가 사진찍는 데 돈을 지불함
한 지점에서 다른 지점으로 무상으로 무엇을 이동하기 위해 UAS를 이용하는 것	수수료를 징수하여 포장용 상자들을 배달하는 것
개인적인 즐거움으로 작물들이 자랄 때 급수를 필요로 하는지를 결정하기 위해 들판을 살펴보는 것	작물들이 상업적 농장에서 물을 필요로 하는지를 결정하는 것

또한 레크리에이션 드론들은 비행에 대한 어떤 특별한 규제들의 대상이다. 이러한 규제들은 모두 아래에 나열되어 있다. AMA(모형 항공 아카데미) 커뮤니티의 가이드라인들에 대한 권고안도 또한 주의하라.

- AMA와 같은 조직에 의해 개발된 대로 커뮤니티 기반 안전 가이드라인들을 따른다.
- 400피트를 넘지 않게 비행하고 가능한 한 드론으로부터 피할 수 있는 주변 장애물들을 아래에 남겨둔다.
- 당신의 작은 UAS가 항상 시계 내에 있도록 유지하고 필요하다면 도움을 위해 관측자를 사용한다.
- 유인 항공기에 멀리 피한 채로 있고, 유인 항공기 운용에 간섭하지 않고, 당신은 항상 다른 항공기와 장애물들을 보고 피해야만 한다.
- 무방비의 사람들 또는 이동중인 교통수단에 고의로 저공비행하지 않고, 개인과 취약한 재산으로부터 적어도 25피트 거리 밖에 있어야 한다.
- 공항이나 헬리콥터 이착륙장의 5마일 이내에서 비행 전에 공항과 관제탑에 연락한다.
- 강풍 또는 줄어든 시계(가시성)같은 악천후에는 비행하지 않는다.
- 술이나 약을 먹은 상태에서 비행하지 않는다.
- 운용 환경이 안전하고 조종자가 작은 UAS의 작동에 능숙하고 유능함을 보장한다.
- 발전소, 상수 처리 설비, 교도소, 여행자가 자주 지나가는 도로, 관제시설 등과 같은 민감한 사회 기반 시설 또는 재산에서 가깝거나 그 위에서 비행하지 않는다.
- 사유 재산 위에서 비행하기 전에 모든 지방 법규들과 조례들을 체크하고 따른다.

- 개인의 허가 없이 사생활을 중요시하는 지역에서 사람들을 감시하거나 사람들의 사진을 찍을 수 없다(AMA의 개인정보보호정책을 보아라).

■ 상업적 이용(Commercial use)

레크리에이션 이용들에 해당되지 않는 어느 사적인 UAS 이용은 상업적 UAS로서 정의된다. 상업적인 UAS에는 레크리에이션 드론들의 비행 제한에 관련되지 않는다. 그러나 상업적 UAS를 합법적으로 운용하기 위해 상당히 많이 해야 할 서류 작업과 조종사들에게 요구되는 더 많은 자격 요건이 있다. 상업적 UAS 소유자들은 섹션 333 세금 공제라고 불리우는 좀 더 광범위한 등록을 완료해야 한다. 그 등록 절차의 시작에 관한 더 많은 정보를 위해 다음 사이트로 가라. https://www.faa.gov/uas/ legislative_programs/section_333/. 또한 전문적인 UAS 조종사들은 그들이 조종할 어느 상업적 비행에 대한 노탐(NOTAM : a Notice to Airmen, 승무원용 항공정보. 항법시설, 서비스, 절차 및 위험에서 비행운용에 관련된 인원이 필수적으로 적시에 알아야 할 요소, 상태 또는 정보를 포함하는 고시)을 정리하여 보관해야 한다. 이것은 그 지역에 있는 어느 다른 조종사들이 그들의 근처에 UAS 움직임을 반드시 알게 하기 위한 명령(지시)이다.

■ 공공의 이용(Public use)

UAS를 사용하는 정부 조직들, 정부 지원의 대학교들, 또는 대학들에 관해, 그들은 먼저 자격 인증서(COA : Certificate of Authorization)를 신청해야만 한다. FAA는 그 제안의 안전성을 평가하고 그 다음 개개의 사례에 따라 그 조직에 자격 인증서(COA)를 허락하거나 거부한다. FAA는 그 자격 인증서 신청 절차를 간소화하기 위한 조치를 취해왔다. 그 지원서는 다음의 웹 사이트 온라인상에 있다. https://oeaaa.faa.gov/oeaaa/external/uas/portal.jsp

3. 일시적인 비행 제한(Temporary flying restrictions)

일시적인 비행 제한(TFRs: Temporary Flying Restrictions)은 공고문에 지정한 대로 일정 기간 동안 비행을 금지하기 위해 FAA에 의해 공표된 명령이다. 일시적인 비행 제한은 그 지역에서 응급상황, VIP 방문, 또는 에어쇼를 위해 공역의 청소와 같은 다양한 이유 때문에 공표된다. 대부분의 일시적인 비행 제한은 짧은 기간 동안에 지속되나 디즈니랜드 상공에 일시적인 비행 제한과 같은 어떤 것은 더 영구적이다. 또한 국립공원과 미국 육군사관학교(West Point), 백악관(the White House)과 같은 다른 제한 지역에 놓인 비행 제한이 있다. 다음 사이트는 비행하기 전에 알아야 할 미국 영공에 대한 도움이 되는 지도를 가지고 있다.
http://knowbeforeyoufly.org/air-space-map/.

CHAPTER 6

드론 활용 예

우리가 드론들이 작동하는 방법과 드론 내부에 무엇이 있는가를 깊이 이해한 후에 드론들이 오늘날 어떻게 사용되는지를 알아야 할 때이다. 이 장의 목표는 더 큰 그림을 보는 것이고 어떤 놀라운 애플리케이션을 생성하기 위해 하나의 개발자로서 당신이 가지는 기회를 발견하는 것이다. 우리는 레크리에이션 관련, 전문적인 것, 교육적인 것과 같은 3가지 분류를 볼 것이고 바라건대 이 장의 끝 무렵에 당신은 당신의 시간을 보내고 싶은 곳을 발견할 것이다.

1. 취미 응용들

드론들의 취미 또는 레크리에이션 이용은 지금까지 가장 인기 있다. 취미 또는 레크리에이션 이용은 많은 사람들이 조종을 쉽고, 똑똑하고, 재미있게 만드는 애플리케이션들을 개발함으로써 당신이 기회로 가는 길을 마련해 준다.

2. 항공 영상

나의 경험으로부터, 드론들을 사는 사람들의 약 70%는 항공사진과 그들의 이웃 사람들의 비디오를 찍거나 놀라운 스포츠 촬영을 위해 드론들을 주로 사용하길 계획하고 있다. 그 대부분의 사람들은 사진 찍기 또는 비디오카메라 촬영에 열정적이고 그들의 취미에 새로운 관점을 가져오는데 드론이 좋다. 그러므로 오늘날 드론의 대부분 소비자들은 그들의 주요 목적으로서 사진 찍기 또는 비디오카메라 촬영을 위해 장비를 갖춘다. 그래서 주요한 하드웨어와 함께, HD 카메라와 비디오스트림을 제공하는 다운스트림 링크가 있다.

3. 비디오 안정화

모든 드론들은 흔들림이 있고 특이한 각도에서 비행한다. 그러므로 적극적인 안정화가 없다면, 그 비디오들은 유용하거나 멋지지 않을 것이다. 비록 비디오 안정화를 위한 방법들과 소프트웨어들이 있을지라도, 그 결과가 완벽하지 않고 우리는 비행 안정화에 더 적극적일 필요가 있다. 소비자 등급 드론들에서 비디오 안정화가 행해지는 두 가지 방법이 있다.

■ 짐벌(gimbals, 나침반의 수평 유지 장치)

짐벌은 비디오를 안정화시키기 위해 드론의 움직임 또는 흔들림에 대해 반작용을 생산하는 장치이다. 짐벌은 2개 또는 3개의 모터들로 만들어진다. 각 모터는 카메라의 피치, 롤, 또는 요를 컨트롤한다. 그 모터들은 단순한 서보(servo) 모터들일 수 있거나 더 부드러운 결과를 제공하는 브러시리스 모터들일 수 있다. 짐벌은 자동항법장치(Autopilot) 또는 별도의 컨트롤러에 의해 제어된다. 짐벌은 드론의 현재 위치를 얻고 원하는 카메라 위치를 충족시키기 위해 그에 맞춰 드론의 현재 위치를 변경한다. 단순한 짐벌 컨트롤러를 작성하는 것은 단순한 드론 자세 컨트롤러를 작성하는 것과 매우 비슷하다. PX4와 APM 같은 자동항법장치들은 짐벌 컨트롤러를 빌트인(built-in)되어 있다. 짐벌들은 대부분의 드론(모든 DJI, 3D로보틱스 또는 DIY)들에서 사용된다.

■ 소프트웨어 안정화

넓은 시야의 카메라와 소프트웨어 안정화는 그 임무(비디오 안정화)를 해결하기 위한 다른 접근법이다. 패롯(Parrot)에 의해 만들어진 것들과 같은 드론들은 비디오 안정화에서 완전히 다른 접근법을 사용한다. 드론의 밑에 무거운 짐벌 고정 장치의 비용을 지불해야 하는 대신에, 패롯의 드론들은 소프트웨어적으로 안정화된 full-HD 조각을 자르는 훨씬 넓은 각도를 가진 렌즈들을 사용한다. 다시 말해서, 드론 이동과 흔들림에 대응하기 위해 모터들을 움직이는 대신에, 패롯의 드론들은 더 큰 그림의 안에서 동일한 방식으로 이동할 수 있는 그 큰 그림의 더 작은 자른 부분을 사용한다. 내가 본 바로는, 이 방식은 덜 완벽한 결과를 생산하고 그것과 함께 당신은 그 카메라를 결코 바꿀 수 없다. 더욱이, 당신은 완전히 아래로 또는 위로 향하는 사진을 찍을 수 없어 패롯 드론을 최적의 선택으로 사용하지 않는다. 그러나 이 방식 때문에, 패롯은 full-HD 지원 장치를 무게가 500 g(1파운드보다 작은) 보다 작도록 만들 수 있었고 DJI 팬텀 4의 1400 g(3파운드)와 비교하여 full-HD 지원 장치를 사용이 매우 안전하고 재미있게 한다.

애플리케이션 : 더 좋은 항공 영상을 찍도록 사람들을 현재 돕고 있는 몇 가지 유형의 애플리케이션들이 있다.

4. 팔로우미(사용자 추종, Follow me)

팔로우미 애플리케이션들은 액션 스포츠들에 좋다. 팔로우미 애플리케이션들은 드론이 그 촬영 대상을 뒤 따라가게 하고 그 대상이 화면의 중심에 오도록 카메라 렌즈를 조정한다. 제일 좋은 것은 한손으로 자신을 촬영하는 것이다. 3D로보틱스와 DJI는 이미 그러한 기능을 제공하고 팬텀4를 가지고 DJI는 훨씬 더 좋은 결과를 약속하고 있다.

5. 자동 샷(auto shots)

자동 샷은 영화에서 한 대의 카메라가 계속해서 잡는 장면을 의미한다. 애플리케이션들의 다른 분야는 미리 정의된 샷을 생산하는 손쉬운 방법들을 당신에게 제공하거나 또는 비행 대신에 카메라 액션에 초점을 맞춘 방식을 제공한다. 예를 들면, 객체에 맞춰 또는 미리 정의된 카메라 움직임에 맞춰 자동화된 샷 등과 같은 3D로보틱스의 솔로(Solo) 드론에 장착된 스마트 샷 시스템을 제공한다.

6. 셀피(selfie)

셀피는 스마트폰이나 웹 카메라 등으로 자신의 얼굴 사진을 촬영해 SNS에 올리는 행위이다. 하나의 드론 애플리케이션은 셀피 찍는 애플리케이션처럼 단순할 수 있다. 온 버튼 항공 셀피(one-button aerial selfies) 생성은 정말 좋고 재미있는 애플리케이션이다. 당신은 모든 날릴 준비가 된 드론들에서 그런 모바일 애플리케이션들을 찾을 수 있다.

기회 : 드론의 이용 편의성과 유용성 측면에서 아직 갈 길이 멀다고 나는 믿는다. 3D 로보틱스의 스마트 샷과 팬텀 4의 유망한 자동 특징들(features,

터치로 비행, 비주얼 트레킹, 스포츠 모드)은 드론으로 할 수 있는 것에 대한 살펴보기의 예이다.

7. FPV(First person View, 1인칭 시점)

FPV(First Person View, 1인칭 시점, RC 비행기나 드론을 비행하며 영상을 고글을 통해 실시간으로 보면서 조종하는 기능)는 다른 재미있는 드론 사용이다. 유인 비행기를 조종하는 것 같은 가장 가까운 느낌 때문에 FPV는 인기가 있다. FPV는 주로 고정익 항공기에 인기가 있으나 또한 멀티로터에서 그리고 우리가 보게 될 것처럼 드론 레이싱의 주요 속성으로 인기가 있다. 조종사와 함께 고정된 채로 공중에 몇 시간 동안 그대로 머무를 수 있고 뒷마당의 안전과 결합되어 비행하는 것 같은 놀라운 기분을 즐길 수 있다. 드론 관점에서 뷰는 안정화 없이 작은 정면 카메라를 통해 보통 행해지나 또한 주 카메라로부터 행해질 수 있다. 비디오 스트림은 조종사들의 FPV 안경 또는 더 지루한 경우에 LCD 스크린에 대한 직접적으로 아날로그 무선 링크를 통해 스트림된다. 이 비디오 피드백 상에서 단독으로 드론을 조종하고 있다면 결정적인 50 ms 미만의 낮은 지연 때문에 그 아날로그 무선 링크가 사용된다. 또한, 와이파이(wifi) 또는 3G 링크가 사용될 수 있으나 300 ms을 넘는 지연으로 그 드론을 수동으로 제어하기는 매우 어렵게 된다. 좋은 안테나를 가진 아날로그 취미 품질 무선 링크는 30 km까지 비디오 스트림을 전송한다.

애플리케이션과 기회 : 비디오 보기의 기본 기능 이상을 증명하는 FPV를 위해 전문화된 애플리케이션들이 없다. 그러나 가까운 미래에 일반 사람들은 집에서 편하게 드론들을 빌리고 세계 도처에서 드론을 조종하는 능력을 제공하는 시스템을 기대할 수 있다.

8. 레이싱(Racing)

드론 레이싱은 드론에 대한 새로운 트렌드이다. 조종사들은 그들의 FPV 드론들을 가지고 일련의 장애물을 통과하는 경주 시합에 참가한다. 레이싱 드론들은 작고 가벼운 과출력된 멀티로터들이다. 그러므로 가벼운 내장 전자 기술, 특출한 단거리 비디오 링크 그리고 속도를 빨리 갈 수 있고 극도의 정교한 조작을 수행할 수 있는 매우 강력한 드론을 선택하는 것이 절대적으로 중요하다.

애플리케이션과 기회 : FPV 조종의 경우와 같이, 이러한 드론 사용(레이싱)은 소프트웨어보다는 오히려 하드웨어 향상에 더 가깝다. 그렇기는 하지만, 증강현실(augmented reality, 사용자가 눈으로 보는 현실 세계에 컴퓨터를 통해 가상 물체를 겹쳐 보여주는 기술)은 드론 레이싱을 위해 변경된 게임일 수 있고 당신이 불쑥 뛰어들고 놀라운 일을 하는 기회일 수 있다.

재미있는 애플리케이션 : 당신이 드론을 돈 벌이 수단으로 생각하지 않는 개발자라면, 정말 좋은 연구 논문들을 쓰거나 많은 사람들에게 사용되는 당신의 드론 애플리케이션들을 만들어라. 재미있는 애플리케이션들 당신이 빛날 수 있는 곳이다.

페인트볼링 시스템 드론(페인트볼을 서로 쏘는 서바이벌 게임 수행 드론) - 수행됨
황소처럼 빨강색을 뒤쫓는 드론 - 수행됨
개 산책시키는 드론 - 수행됨

9. 산업과 전문적 응용

진지하게 고려할 때이고 드론들이 전문적 응용과 산업 응용에서 사용되는 방법에 대해 배울 때이다. 이것은 드론들이 수행하는 발전되고 자동화된

기능들로 상업적으로도 성공 가능성이 높다.

■ 영화제작(Filmmaking)

항공 영상은 취미로 사용되는 것뿐만 아니라 할리우드에서도 사용된다. 높은 곳에서 무거운 전문적인 카메라들을 적재한 드론들은 모든 영화제작 무대에서 빈번히 사용된다. 다음에 당신이 블록버스터(크게 성공한 영화)를 볼 때, 이러한 항공 샷들을 다시 한 번 보라. 이러한 항공 샷들의 대부분은 드론의 도움으로 한 것이다. 취미용과 달리, 전문적인 영화제작은 드론이 6 kg까지의 카메라 장비를 들어 올릴 수 있어야 한다. 그러한 드론 조종은 2인이 하는 일이다. 한 사람은 드론을 조종하고 다른 한 사람은 탑승한 카메라를 조작한다.

애플리케이션과 기회 : 드론 조종사들의 삶을 좀 더 편리하게 해주는 데 해야 할 일이 많다. 현재, 그러한 드론들에 있는 카메라는 표준 RC 컨트롤러를 통해 제어된다. 표준 RC 컨트롤러는 카메라 조작자에게 가장 좋은 방법은 아니고 표준 RC 컨트롤러는 익숙해지기를 배우는 데 수 많은 시간을 필요로 한다. 그 카메라를 제어하는 데에 단순하고 실용적인 방법으로 개선이 이루어질 수 있다. 또한 그 작업은 조종사와 카메라 조작자 사이에 매우 가까운 협동을 요구하고 그것은 세부적인 계획으로 인해 시간 낭비이다. 자동화된 조종과 놀라운 샷들을 위해 비디오 예술가를 위한 임무 일정 계획표를 순서대로 만들 수 있다.

■ 점검(Inspection)

사물들을 점검(검사)하는 것은 드론 사용들에서 다른 큰 분야이고 이것은 우리가 탐구할 것이 많은 산업들에 존재한다. 산업 고유의 드론 애플리케이션들은 이미 사용되고 있다. 이 산업 고유의 드론 애플리케이션의 이용은 점검 작업들을 매우 쉽고 빠르게 해주고 손으로 하는 노동 검사에 대해 많은 비용 절감이 된다.

■ 오일과 가스(Oil and gas)

연안의 석유 굴착 장치들이나 끝없는 가스관들의 줄을 점검하는 것은 위험하고 과거에 손으로 하는 노동으로 행해진 시간 소모가 큰 작업이다. 오늘날 드론들은 더 빠르고 더 안전한 점검을 할 좋은 기회를 제공한다. 그러한 점검들은 열화상 카메라의 도움으로 보통 행해진다. 예를 들어, 가스관 누수는 누출하는 가스의 급격한 팽창 때문에 그 지역을 더 차갑게 만들 것이다. 이것은 가스관 누수를 드론의 도움으로 행해지는 완벽하고 쉬운 작업으로 만든다. 그러한 누출들은 쉽게 발견될 수 있고 가스관의 점검은 열화상 카메라로 자동화될 수 있다.

■ 태양광 발전(Photovoltaics, 태양광을 전력으로 변환하는 방식)

드론이 열 카메라로 장착되어 있을 때, 다른 분야는 태양광 발전 점검(검사)에 있다. 왜 태양광 발전의 점검을 필요로 할까? 무엇보다도 그것(태양광 발전의 점검)은 미리 행동을 취함으로써 그 시스템의 손상을 예방하는 것이다. 그들의 작업동안에 어떤 전지(cell)들은 손상되고 햇빛을 흡수하는 대신에 전지는 햇빛을 반사하기 시작할 것이다. 전체 패널에 대해 소중한 전력의 손실과 더 이상의 손상을 막기 위해, 그 전지는 교체되어야 한다. 항공기에 의한 열 영상은 깨진 전지들을 찾고 고치는 것을 아주 쉽게 한다. 또한 당신은 오염된 반점들, 음영들과 태양광 발전의 효율성을 저하시키는 다른 문제들을 발견할 수 있다. 이러한 문제를 해결하기 위해 사용된 카메라들과 소프트웨어가 이미 있다. 그러한 카메라는 RGB와 열 영상을 제공하고 그 소프트웨어는 자동적으로 문제들의 발생 위치를 감지하고 보여준다. 그러므로 그 소프트웨어에 의해 생성된 보고서는 그 문제점들을 해결하기 위해 기술자에게 제공될 수 있다.

■ 건설(Construction)

큰 기반 시설과 건설 공사의 점검은 드론의 다른 응용들이다. 더 오래된 기반 시설에서 손상들을 찾기 위해 또는 건설 공사에서 그 진척과 품질을 점검하기 위해 그 작업은 수동 드론 조작들을 통해 행해진다. 저자의 친구인 드론 조종사는 건설 현장을 여기 저기 가고 심지어 작업자들이 그들의 일을 하고 있었는지를 체크하기 위해 그 소유주에게 고용되었다.

풍력 발전용 터빈(Wind Turbines) : 건설 점검과 동일하게, 풍력 발전용 터빈 점검은 모든 손상에 대해 터빈의 상태를 체크하기 위해 수동으로 수행된다.

■ 채굴(Mining)

채굴은 드론들이 이미 폭넓게 사용되는 다른 산업분야이다. 광산에 대한 3차원 지도를 만드는 것은 공사 진행을 보거나 점검을 하는 것을 매우 쉽게 해준다. 그러한 3차원 지도들은 자동화된 임무를 하는 중에 많은 지리학적 사진들을 촬영함으로써 만들어진다. 그 다음에 사진들은 Pix4D(드론으로 촬영한 2차원 사진들을 접합하여 3차원 이미지를 자동 생성하는 소프트웨어)와 같은 소프트웨어에서 채워지고 아름답고 정밀한 3차원 지도가 생성된다.

■ 비행기(Planes)

특이한 애플리케이션이나 비행기들은 또한 빈번히 수동으로 드론에 의해 점검된다. 새의 충돌 또는 비행기가 작은 손상들을 입을 수 있는 다른 사건들이 일어난 이후에 규칙적으로 점검이 행해진다.

■ 감시(Surveillance)

또한 드론들은 큰 기반시설들, 땅과 더 많은 것의 감시를 위해 사용된다. 감시 드론들은 필요한 경우 열 화상과 함께 더 작은 카메라들로 보통 장비를 갖추게 된다.

■ 고고학(Archeology)

고고학은 가장 널리 알려진 드론들의 응용은 아니나 고고학에 폭넓게 사용된다. 고고학들은 70년대 이후 항공기에 의한 열 화상을 이용해오고 있다. 항공기의 적외선 영상을 가지고, 고고학들은 지하구조들을 드러내 보일 수 있다. 이제 단독으로 고고학들 혼자서 하나의 노동 집약적인 임무가 행해질 수 있다. 또한 드론들은 항공 사진 촬영, 지역 조사, 장소 식별, 발굴 기록문서, 지도제작과 3차원 사진 측량에 저비용 도구들을 제공하기 위해 사용된다. 드론들은 다른 항공 사진 촬영 시스템들보다 저렴하게 매우 다양한 조건들에서 작동하고, 어려운 환경에서 신속하게 배치될 수 있다.

■ 배달(Deliveries)

드론은 이 특별한 응용에 너무 많은 주목을 받고 있다. 누구나 구입으로부터 꼭 1시간 이내에 그 구입한 것을 받는 것을 꿈꾼다. 피자, 맥주, 그 밖에 뭐든지. 그렇기는 하지만, 안전은 드론 배달에서 최대 위협이고 우리가 드론 배달을 곧 볼 수 없는 이유이다. 최소한 도시 환경에서는 아니다. 도시환경은 장애물들과 부상의 위험이 매우 높은 곳이다. 구글과 아마존은 그들의 배달 드론들을 만들고 이 놀라운 서비스를 허용할 규제를 위해 싸우는 데 엄청난 노력을 기울이고 있다. 두 회사들은 지금 그들의 VTOL

(Vertical Take-off and Landing, 수직 이륙과 착륙) 드론들에 대해 연구하고 있는 중이다. VTOL 드론들은 하나의 멀티로터로서 수직으로 이륙하고 비행기로도 계속 비행한다. VTOL 드론은 그들에게 멀티로터의 이륙과 착륙의 유연성과 함께 한 시간이 넘는 비행시간을 제공한다. 우리는 많은 속임수 배달들을 보았으나 속임수 배달과 실제의 것을 혼동하지 않는다. 사실은, 도시 환경은 GPS에 매우 비우호적이고 GPS에 의존하는 드론은 매우 빨리 추락할 것이다. 그러므로 우리가 구입한 것들을 항공기로 직접 우리가 받을 수 있기 전에 많은 혁신을 해야만 한다.

■ 지도제작(Mapping)

많은 산업 분야에서 드론들의 사용에 의한 지도 제작이 행해진다. 많은 지리학적 위치를 가진 사진들을 맵핑함으로써, 정밀한 2차원 또는 3차원 지도가 만들어질 수 있다. 그러한 지도들은 2 cm의 해상도를 가질 수 있고 2차원 또는 3차원 지도들은 발굴 작업, 사진 측량, 점검, 농업과 더 많은 것을 위해 사용된다. 정확한 RTK GPS(이동중 실시간 위치정보 수cm 오차를 유지하려면 Real-Time Kinematic GPS 첨단 시스템이 요구됨)의 도움으로, 그 지도들은 또한 지형 측량, 부동산 지적도 또는 지리정보 시스템의 생성을 위해 측지학자에 의해 사용된다.

■ 농업과 영농(Agriculture and Farming)

농업은 지금까지 드론을 가장 많이 사용하는 분야이다. 비어 있는 사유지 위에서 비행은 매우 안전한 용도로 만든다. 드론이 탑재된 센서들이 만드는 귀중한 정보로 농부들에게 인기를 얻는다. 드론들은 세 가지 유형의 상세한 뷰(전망)들을 농부들에게 제공할 수 있다. 첫째, 하늘에서 들판을 보는 것은 관개(물을 끌어들임) 문제부터 토양 변이와 눈높이에서 분명하지 않은 심지어 해충의 침략까지 모든 것을 노출하는 패턴들을 드러내 보인다. 둘째, 항공 카메라들은 다중 스펙트럼 이미지들을 생성할 수 있다. 항공 카메라들은 가시광선 스펙트럼뿐만 아니라 적외선 스펙트럼으로부터 데이터를 포착한다. 건강하고 허약한 식물들 사이의 차이를 부각하는 수확량의 뷰를 생성하기 위해 가시광선 스펙트럼과 적외선 스펙트럼은 결합될 수 있다. 이 수확량 뷰는 정규 식생 지수(NDVI : normalized difference vegetation index)라고 한다. 참조, **정규 식생 지수는 영상 처리 기술로서 식생의 유·무를 강조하는 데 사용되는 기술이다. 이것은 근적외선과 적색광 밴드 사이의 값의 차이를 두 밴드를 합한 값으로 나누어서 계산한다.** 마지막으로, 드론은 매주, 매일, 또는 심지어 매시간 농작물을 살필 수 있다. 그 결과들은 시계열 애니메이션을 생성하기 위해 결합될 수 있다. 그 시계열 애니메이션은 그 농작물에서 변화들을 보여줄 수 있고 문제 장소들 또는 더 좋은 작물 생산을 위한 기회들을 드러내 보일 수 있다.

■ 탐색과 구조(Search and Rescue)

현재 드론들은 사람들을 발견하고 구조하는 특수 작전에서 사용된다. 드론들은 거친 지형에서 방대한 양의 땅을 매우 빨리 이동할 수 있다. 열 영상의 도움으로, 드론 조종자는 사람들의 위치를 표시할 수 있고 구조 팀을 거기에 보낼 수 있다. 가까운 장래에, 그러한 작전들은 완전히 자동화될 것이고 귀중한 생명들이 구해질 것이다.

■ 야생동물 보호(Wildlife Protection)

드론들이 동물들의 밀렵을 상당히 줄이는 데 도움이 될 것이라는 많은 희망이 있다. 지금까지, 공원 경비대원들이 주로 밤에 작업하는 밀렵꾼의 정확한 위치를 찾아내고 밀렵을 막기 위해 아무것도 할 수 없었다. 전기로 동작하는 드론들이 작고, 매우 조용하며, 하나의 적외선 카메라를 가지고 있기 때문에, 밀렵꾼의 정확한 위치를 쉽게 찾아내고, 동물을 죽이는 것을 막을 수 있다.

■ **화재와 홍수 방지**(Fire and flood prevention)

2년 전에, 저자가 사는 곳 근처에 엄청난 홍수가 있었다. 그 사고 직후 어떤 취미에 아주 열심인 사람들이 사진이 매우 선명하게 될 때 무슨 일인지를 보길 원해 그들의 드론을 가지고 그 지역을 저공비행하였다. 대량의 나무들의 잘린 나뭇가지들과 지난 번 비는 근처를 통과해 직진하는 하나의 자연적인 관개 수로를 형성했다. 나무들이 그 흐름을 막지 않았다면, 그 범람을 막을 아무것도 없었다. 사망자는 많지 않았다. 규칙적으로 관찰을 함으로써 이 재난을 쉽게 막을 수 있다. 숲 속의 화재들도 마찬가지다. 화창한 계절 내내, 드론을 가지고 정기적인 열 점검들은 많은 숲속 화재들을 막을 수 있고 생명들을 구할 수 있다.

CHAPTER 7

핵심 소프트웨어 도구들(tools)

지상관제소(GCS)는 지상의 원격 위치에서 드론을 제어하고 모니터링하기 위한 장비이다. RC 제어와는 달리 GCS는 원격 측정 데이터를 보여 주며, 임무를 수행하고, 항공기를 설정하여 문제를 해결할 수 있다. 이 스테이션은 군사 작전에 사용되는 장비의 완전한 방이거나 취미 비행에 필요한 모든 것을 제공하는 간단한 스마트 폰 응용 프로그램이 될 수 있다. 우리가 필요한 것은 자동항법장치(autopilot)와 호환되는 GCS 소프트웨어가 탑재된 컴퓨터나 태블릿이 필요하다. 많은 자동항법장치와 GCS가 사용하는 표준화된 MAVLink 프로토콜 덕분에 우리는 좋아하는 소프트웨어를 선택할 수 있다. MAVLink와 호환된 자동항법장치나 소프트웨어를 사용하면, 미션을 자동항법장치에 올리고, 원격측정(텔레메트리)을 보고, 드론을 제어할 수 있을 것이다. 하지만, 드론의 설정, PID 튜닝, 로그뷰와 같은 펌웨어 관련 작업은 수행할 수 없다.

QGroundControl은 가장 널리 사용되는 오픈 소스 GCS 중 하나이다. 픽스호크(Pixhawk) 프로젝트를 위해 주로 ETH Zurich의 Lorenz Meier에 의해 제작되었다. APM과 PX4 비행체를 모두 작동하고 구성할 수 있도록 완벽하게 호환되지만, MAVLink 호환 자동항법장치도 작동할 수 있다. Windows,

OS X, Linux 및 Android 태블릿에서 실행되며, Linux가 선두 플랫폼이다.

QGroundControl는 저자의 주요한 일상적인 테스트 GCS이다. 나는 분명한 인터페이스를 가지고 있기 때문에 그것을 사용했다. 그리고 이것은 저자와 당신의 일을 방해하지 않도록 많은 도움을 준다.

주요 특징 :

미션 플래닝(Mission Planning) - QGroundControl(QGC) 임무 계획은 훌륭하다. 연결이 끊어진 경우 몇 가지 다른 맵과 저장영역을 지원한다. 미션을 빠르게 계획하고 실수를 저지르지 않도록 도와주는 명확하고 간단한 인터페이스가 존재한다.

음성 출력(Voice Output) - 음성 출력은 테스트 비행에 필수적이다. 당신의 눈이 하늘을 바라보고 있을 때 음성 컨트롤은 드론 내부에서 일어나는 일을 이해하는 가장 좋은 방법이다.

조이스틱 제어 - 조이스틱은 수동제어를 수행할 때나 드론을 안전하게 착륙시키기 위해 비디오피드백(fpv)상에서만 드론을 조종해야 할 때 필요한 훌륭한 백업 솔루션이다.

설정 및 구성 - QGC는 APM 및 PX4를 완벽하게 지원하므로 모든 구성 설정을 편집할 수 있다.

1. APM Planner

APM Planner는 3D로보틱스사에 의해 개발된 오픈 소스 지상 제어 스테이션이다. 그것은 Mission Planner의 계승자이다. APM이 탑재된 자동항법 장치를 완벽하게 지원하지만 MAVLink를 통해 다른 비행체를 제어할 수도 있다. 그것은 Windows, OS X 및 Linux에서 지원되며 Windows는 기본 플랫폼이다. 또한 Android 기기용 DroidPlanner GCS도 있다.

APM Planner는 APM 장치에 적합하다. 거기에서 다 구성할 수 없는 매우 많은 옵션과 기능이 있다. 지역 주변의 영역을 그리고 커버링 임무를 자동적으로 만들 수 있도록 하는 폴리곤 미션과 같은 QGC보다 더 많은 특징을 가지고 있다.

그러나 APM Planner의 인터페이스는 복잡하고 적응하는 데 많은 시간이 소요된다. 모든 APM 소트웨어는 Ardupilot, Mission Planner, Arducopter, APM, Pixhawk와 같은 모든 이름들을 이해하기 어렵다. 처음 시작하는 사람이라면 QGC를 사용하는 것이 훨씬 더 친숙하고 좋다. APM Planner가 압도적인 도구를 사용하는 것처럼 느껴질 수 있기 때문에 QGC를 사용하는 것이 좋다.

2. MAVProxy

MAVProxy는 고급 사용자 또는 미니멀리스트 사용자를 위한 오픈 소스 GCS이다. 이것은 파이썬으로 완전히 작성된 콘솔 기반의 응용 프로그램이기에 Windows, OS X, Linux와 호환된다. MAVProxy는 모든 MAVLink 기반 비행체를 지원한다. 사용자 정의 GCS를 빌드하려는 경우 확장 가능하고 매우 훌륭하다. GUI, 맵 등 다양한 모듈이 많이 있다.

오픈 소스이든 아니든 특정한 것이든, 보편적인 것이거나 GCS 이거나 클라우드 기반의 다른 많은 것들이 있지만, 그 중 3 가지는 당신이 개발자로서 알아야 할 것들이다.

3. 소프트웨어 개발자 키트

낮은 수준에서 정말로 드론을 프로그래밍하려면 SDK가 필요한가? 저수준에 드론을 프로그래밍하기위한 SDK 및 API는 없으며, 적어도 아직은 없다. 베어 메탈을 제어하려면 그것의 특징을 알아내야 한다. 높은 수준의 기능성 프로그래밍은 다르다. MAVLink 프로토콜을 사용하면 많은 드론을 제어할 수 있다. 당신은 임무를 수행할 수 있고 MAVLink와 호환되는 드론을 완전히 운용할 수 있다. SDK가 필요한가? 그렇다. 필요하다. MAVLink를 사용하여 자동항법장치를 제어할 수도 있지만, 드론을 제어하거나, 다양한 추가 센서로 인터페이스나 비디오를 보는 데 필요한 단일 파이프 라인은 없다. 여기 SDK가 도움이 될 만한 곳이 있다. SDK 도움으로 드론을 제어하고 싶지는 않지만, 목적이 있는 자동화된 기계를 만들고 싶어 한다. 이것을 염두에 두고, 당신은 자동항법장치 소프트웨어에 드론 SDK를 거의 사용할 수 없다는 것을 이해해야 한다. 오히려 SDK는 시스템에 전체적으로 프로그래밍 인터페이스를 제공한다.

드론 SDK를 사용하면 3단계로 드론 함대의 드론으로 인터페이스할 수 있다.

첫 번째는 드론에 코드를 바로 연결할 수 있는 SDK이다. 즉, 당신의 코드가 보드에서 실행될 것이며, 무선 링크가 유용한 것이 아니라는 것을 의미한다. 이 코드는 자동항법장치 또는 보조 프로세서에서 바로 실행될 수 있다. 두 번째는 책임을 나누는 것이 바람직하다. 자동항법장치는 비행을 돕고 보조 컴퓨터는 더 똑똑하게 만든다. 왜 보드상에서 코드를 실행해야 하나? 드론이 완전히 자율적이고 형편없는 라디오 링크에 의존하지 않는다면 그것이 더 훌륭하다. 따라서 드론을 보다 독립적으로 만드는 방법이 더 똑똑하게 만드는 것이다. 비디오 및 센서 출력을 사용하여 장애물을 회피할 수 있다. 또는 정원에서 꽃을 보길 원할 수도 있다. 이를 위해서는 독립적인 의사 결정이 필요하다. 오늘날 우리의 드론은 안전하게 날아갈 수 있도록 GPS와 라디오를 요구하고 있다. 이러한 요구 사항은 곧 사라질 것이므로 이 변화가 더 빨리 이루어질 수 있도록 우리는 도와주어야 한다.

두 번째 SDK 유형은 무선 링크로 드론과 원격으로 통신하는 것이다. 스마트 폰, 태블릿 또는 컴퓨터에서 실행할 수 있다. 이러한 SDK를 사용하면 데이터 처리를 위한 소프트웨어, 자체 GCS 또는 간단한 드론 셀프 앱을 만들 수 있다. 우리는 이러한 SDK를 사용하여 만들 수 있는 세 가지 유형의 응용 프로그램을 구별할 수 있다. 얼굴을 감지할 때 사진을 찍는 등 일부 향상된 기능을 가진 제어 응용프로그램을 만들 수 있다. 카메라 출력에서 3D지도를 만드는 것과 같이 매우 처리 집약적인 응용 프로그램을 만들 수도 있다. 또는 소형 온보드 프로세서에서 실행할 수 없는 훌륭한 자율 기능을 만들 수 있다.

SDK의 세 번째 유형은 클라우드에 있다. 여기서 차이점은 드론이 모바일 네트워크 또는 다른 방법을 통해 클라우드에 직접 연결할 수 있다는 것이다. 이것은 당신의 자동 작업에 매우 유용하다.

드론 함대에서 데이터를 수집하여 자동으로 처리하는 클라우드 애플리케이션이 그 예가 될 수 있다. 모든 것이 훌륭하지만 실제 드론 SDK 세계의 현재 상황은 다르다. 그들은 모두 초기 단계에 있으며, 비디오 입력이 있는 MAVLink가 할 수 없는 것 이상의 기본적인 기능만 제공한다. 그러나 이것은 드론 개발자로서 당신이 할 수 있고 능력을 발휘할 수 있는 많은 것들이 있다는 동기 부여자로서 행동해야 한다. 그러면 기존 개발자로는 무엇이 있는지 살펴 보자.

4. 패롯

나는 패롯을 아주 좋아한다. 왜냐하면 그들은 정말로 멋지게 보이고, 세프(안전) 기능을 유용하게 활용할 수 있는 중요한 드론 제품을 만들기 위해 노력하고 있기 때문이다. 그들은 또한 다른 회사들이 하기 전에 일부 기술을 추진하는 꽤 혁신적인 회사이다. 우리는 의도적으로 그들과 함께 출발하고 있다. 그들은 드론 SDK를 출시한 첫 번째 회사였고, 다른 회사들이 여전히 하드웨어에 초점을 맞추고 있는 동안 그들은 드론 소프트웨어의 좋은 기회를 포착했다. 그들의 첫 번째 SDK는 Parrot ARDrone을 인터페이스하기 위해 2010년에 출시되었다. 그것은 거대한 성공이었고 위대한 커뮤니티를 세웠다. ARDrone 2는 사고의 위험이 없는 실내와 야외에서 사용하기에 매우 안전한 경량 드론이었다. 이를 통해 SDK는 사용하기 쉬워서 훌륭한 커뮤니티에서 놀라운 앱을 만들어 낼 수 있었다. 그것은 열렬한 지지자들과 학술 연구 목적으로도 널리 사용되었다. SDK에는 Linux와 OSX, Windows에서의 C분기점이 있었고, IOS, Android에 대한 분기가 있었다. 심지어 ARDrone 2는 여전히 판매되고 있으며 신 세대의 드론 때문에 더 이상 인기가 없음에도 불구하고 SDK는 여전히 드론 코드로 널리 퍼지기 시작하는 훌륭하고 안전한 방법이다.

ARDrone 2 SDK는 드론에 의해 만들어진 와이파이 핫스팟을 통해 원격으로 드론과 상호 작용할 수 있는 인터페이스를 제공한다.

전체 문서와 시작 방법은 공식 Parrot ARDrone 2 문서를 참조하라.

Heidi는 Parrot AR Drone 2.0의 자율 제어를 위한 사용하기 쉬운 파이썬 인터페이스이다.

```
from ardrone2 import ARDrone2
drone = ARDrone2()
drone.startVideo( record=True, highResolution=True )
drone.setVideoChannel( front=True )
drone.takeoff()
drone.hover(3.0)
drone.land()
drone.stopVideo()
```

찾을 수 있는 곳 : https://github.com/robotika/heidi

또한, 이 SDK 맨 위에 많이 만들어진 오픈 소스 프로젝트를 찾을 수 있다.

예 : 상호작용을 위한 node.js 인터페이스 - http://www.nodecopter.com/ 또는 뮌헨 공과 대학교의 자율 비행을 위한 ROS 패키지 - http://vision.in.tum.de/data/sotware/tum_ardrone

5. ARDroneSDK3

차세대 Parrot SDK에는 새로운 디바이스인 Bebop, Skycontroller, 미니 드론 및 Disco 드론이 함께 제공된다.

비밥 드론은 실내 비행을 위한 최고의 드론이 될 수 있는 소형 패키지로 풀 HD 카메라를 지원하는 MAVLink를 지원한다. 더욱 뛰어난 기능은 Android에서 실행되는 고유한 SkyController와 앱을 실행하는 기능이다. 이처럼 훌륭한 조합을 사용하면 전문적인 애플리케이션을 구축할 수도 있다. 그러나 SDK의 첫 번째 릴리스는 유용성면에서 그리 좋지 않았으며 드론 자체는 촬영 품질과 비행시간에 뒤떨어져 있었다. 그럼에도 불구하고 Bebop과 새로 출시된 Bebop 2는 특히 실내 비행과 관련하여 프로그램할 수 있는 훌륭한 장치이다.

Katarina는 패롯 비밥 드론을 제어하기 위한 파이썬 인터페이스를 제공하는 프로젝트이다. 그것은 처음 시작하는 것이 아주 쉽고 바로 즐길 수 있다.

```
Bebop 가져오기는 bebop로부터

drone = Bebop()
drone.takeoff()
drone.flyToAltitude(2.0)
drone.takePicture()
drone.land()
Explore if further on:
https://github.com/robotika/katarina
```

6. DJI

DJI는 사용하기 쉽고, 전문적인 시리즈 드론을 가진 현재까지 가장 큰 드론회사이다. 그들의 하드웨어를 완벽하게 개발한 후, 그들은 드론 기능과 전문 응용을 향상시키기 위해 개발자들에게 넘겨줬다. DJI는 이제 상용 응용 프로그램을 지원할 수 있는 가장 유능한 SDK를 제공한다. 그러나 하드웨어는 가격이 비싸다.

Onboard SDK를 사용하면 직렬 포트 인터페이스를 통해 어떤 온보드 장치에서 자동항법장치와 통신할 수 있다. 온보드 장치와 자동항법장치 간의 통신을 통해 사용자는 자신이 선호하는 프로그래밍 언어로 온보드 장치 상단에 자신의 UAV APP를 쉽게 작성할 수 있다.

7. 모바일 SDK

DJI Mobile SDK를 사용하면 팸텀의 카메라, 짐벌, 자신이 만드는 모바일 앱과 어떻게 상호 작용하는지 제어할 수 있다. 모바일 SDK를 사용하여 맞춤형 모바일 앱을 만들어 DJI 공중 플랫폼의 잠재력을 최대한 활용하라.

CHAPTER 8

핵심 하드웨어

이 책의 앞부분에서 우리는 기본적인 드론 하드웨어를 살펴보았다. 이제 우리의 이해를 더욱 깊이 있게 탐구하고 발전시킬 때이다.

1. 픽스호크(Pixhawk)

픽스호크(Pixhawk)는 현재 출시된 최고의 오픈 하드웨어 자동항법장치 보드이다. 그것은 ETH 취리히 팀뿐만 아니라 3D로보틱스 사의 지원을 받는 개인 기고가들에 의해 설계되었다. 보드 자체에 두 개의 자동 조종 소프트웨어 - PX4 Flight Stack 및 APM Flight Stack(Ardupilot)이 플래시될 수 있다. 원래 픽스호크(Pixhawk)는 3D Robotics의 상점에서 구입할 수 있다. 중국인은 HobbyPing32라는 이름으로 HobbyKing.com에서도 판매되었다.

장점 :

- 신뢰할 수 있는
- 유효한
- 저렴한 비용

- 테스트됨
- 두 가지 비행스택 지원
- 훌륭한 커뮤니티

단점:

- 처리능력이 별로 없다.
- 훌륭한 문서가 아니다.

조언: 적어도 하나는 가지고 있어야 한다. 주요 신뢰할 수 있는 자동조종 비행 장치로 사용하라.

2. AUAV-X2 자동항법장치

AUAV-X2는 픽스호크(Pixhawk)를 기반으로 한 오픈 하드웨어 자동 파일럿 보드이다. Arsov Tech에서 생산한다. 픽스호크(Pixhawk)와 달리 가벼운 드론에 더 적합하다. 이 제품은 고급 전력 노이즈 필터링 기능이 있어 케이블 패킹된 드론에 적합하며, AUAV-X2는 PX4 소프트웨어 스택을 실행하며 Arsov Tech에서 구입할 수 있다.

■ 픽스호크(Pixhawk)와 비교:

장점:

- 더 작은
- 더 나은 노이즈 필터링

단점:

- APM을 지원하지 않는다.
- 사용 제한이 있음

조언 : 만약 당신이 PX4 비행 스택을 사용할 계획이라면 픽스호크(Pixhawk) 위에 AUAV-X2를 사용하라. 픽스호크(Pixhawk)보다 작고 신뢰할만하다.

3. 픽스 레이서(Pixracer)

Pixracer는 자동 파일럿 보드와 같은 새로운 세대의 픽스호크(Pixhawk)이며 아직까지는 가장 앞선 소형 오토 파일럿 보드이다. Nick Arsov(Ardov Tech)와 Phillip Kocmoud가 디자인했으며 Lorenz Meier, David Sidrane 및 Leonard Hall이 설계했다. 이 차세대 자동 조종 장치는 더 좋은 온 보드 센서와 함께 제공되어 노이즈에 강하다. APM 및 PX4 소프트웨어를 모두 실행한다.

장점 :

- 차세대 픽스호크(Pixhawk)
- 향상된 센서
- 내장된 와이파이
- 더 좋은 커넥터
- 소형

단점 :

- 사용자가 광범위하게 테스트하지 않음

조언 : 기술의 최첨단을 원한다면 pixracer를 사용하라.

4. DJI의 Naza

Naza는 DJI의 독점적인 자동항법장치이다. shelf 기능이 제공된다. 독점적인 소프트웨어 및 하드웨어는 엉망이 될 수 없지만 고급 원격 응용 프로그램은 DJI SDK로 만들 수 있다.

장점 :

- 뛰어난 기능성
- 사용하기 쉬운
- 신뢰할 수 있는

단점 :

- 오픈 소스가 아님
- 프로그래밍할 수 없음
- 높은 가격

조언 : 프로그래밍의 하드웨어 부분과 비행 스택 부분을 멀리하고 싶다면 Naza를 사용하라.

5. 스냅드라곤 플라이트(Snapdragon Flight)

스냅드라곤 플라이트는 극한의 처리 능력을 갖춘 퀄컴(Qualcomm)의 첨단 고급 자동 파일럿 보드이며 시각 기반 응용 프로그램을 위한 카메라를 내장하고 있다. PX4 베이스에서 실행하며 강인한 애플리케이션에 적합하다.

장점 :

- 처리 능력
- 빌트인 카메라

단점 :

- 비싸다.
- 사용자가 광범위하게 테스트하지 않음

조언 : 로우 레벨의 알고리즘이나 카메라 기반 컨트롤을 프로그래밍할 계획이라면 스냅드라곤 플라이트를 사용하라.

6. 나비오(Navio)

Navio는 Raspberry Pi의 자동 조종 장치 인터페이스 보드이다. 현재 Linux 용 APM 비행 스택포트만 실행중이다.

장점 :

- 추가 기능을 쉽게 프로그래밍할 수 있다.
- 사용 가능한 많은 USB 주변 하드웨어가 있다.

단점 :

- 소규모 커뮤니티
- 매우 크고 무겁다.
- Linux에서 비행 스택을 실행하면 안정성이 떨어진다.

조언 : 라스베리 파이(Raspberry Pi) 팬이거나, 주변에 몇 개를 가지고, 드론을 만들고 싶다면 사용하라.

7. Erle Brain과 PXFMini

Erle Robotics는 스페인에 본사를 둔 훌륭한 벤처 기업이다. 개발자와 학계를 겨냥한 훌륭한 하드웨어를 제작하였다. 그들은 또한 DARPA로부터 HROS(Hardware Robot Operating System)를 개발하기 위한 투자를 받았다.

■ ERLE-BRAIN

Erle-Brain은 Erle Robotics가 개발한 오픈 하드웨어 자동 조종 시스템이다. Beaglebone Black용 픽스호크(Pixhawk) Fire Cape와 BeagleBone 자체로 구성된다. 하드웨어의 고유한 기능 중 하나는 각각 2가지 센서를 가진 픽스호크(Pixhawk)와는 달리 3개의 센서 백업을 가지고 있다는 것이다. Earle-Brain은 Snappy Ubuntu 코어에서 APM 소프트웨어 스택을 실행한다. 또한 shelf의 ROS를 실행하고 응용 프로그램 및 앱 마켓 플레이스를 지원한다.

■ ERLE-BRAIN 2

Earle-Brain은 Snappy Ubuntu 코어에서 APM 소프트웨어 스택을 실행한다. 또한 선반의 ROS를 실행하고 응용 프로그램 및 앱 마켓 플레이스를 지원한다. Erle-Brains의 두 번째 개정판은 고급 응용 프로그램을 위한 완전한 자동 조종 장치이다. 그것은 최고의 로봇 공학 두뇌로 시장에 내놓았다. 전임자와 마찬가지로 ROS 바탕의 linux에서 함께 실행하고 앱 스토어를 운영하였다. Erle-Brain 2에는 5MP 카메라가 내장되어 있다.

Erle-Brain과 Erle-Brain 2

장점:

- 훌륭한 개념
- 앱 스토어
- 사용 가능한 USB 주변 장치

단점:

- 부피가 크고 무거움
- 다른 자동 파일럿만큼 지원되지 않는다.

조언: 당신이 리눅스 팬이고 재미 있는 앱을 만들고 싶다면 사용하라.

8. PXFMINI

PXFmini는 Raspberry Pi Zero를 위한 저렴한 자동 조종 장치 실드이다. 가벼운 애플리케이션을 시작하거나, 처음 시작하기에는 좋다. Debian Wheezy 또는 Snappy Ubuntu 코어에서 APM 스택을 실행한다.

조언: 가벼운 드론에 사용하고 고급 드론 특징들이 프로그래밍에 들어가는 가장 저렴한 방법이다.

9. 스마트폰 자동항법장치

최신 스마트 폰에는 IMU, GPS, 통신과 같은 드론에 필요한 모든 센서를 가지고 있다. 많은 기능을 가진 어떤 스마트 폰은 공중에서 작업할 수 있다. Flyver는 안드로이드 기반의 오픈 소스 SDK와 안드로이드 스마트 폰으로 드론을 위한 기본적인 자동 조종 장치를 만들었다. Quaulcomm과 함께 UPEN의 GRASP Lab은 스마트 폰 자동 조종 장치로 수행할 수 있는 것을 보여주는 매우 흥미 진진한 쇼케이스를 보여준다.

장점:

- 재미있는 개념
- 후드 아래의 뛰어난 하드웨어

단점:

- 크고 무거움
- 너 혼자만의 것

조언: 만약, 당신이 드론을 좋아할 뿐 아니라 휴대폰용 앱을 잘 다루면 사용하라. 하드웨어를 두려워하지 않고 재미있게 사용하고 싶을 때 사용하라.

그것들은 드론 프로그래밍에 들어가기 위해 사용할 수 있는 최신의 가장 뛰어난 자동 조종 장치 보드이다. 밖에서도 많은 다른 자동 조종 장치 프로젝트가 있고 당신은 또한 베어 메탈에서 시작할 수 있다.

10. 관성측정장치(IMU)

IMU는 가속도계, 자이로스코프 및 자력계의 조합으로 드론의 특정 힘과 각속도와 주변의 자기장에 대한 정보를 제공한다. 이 세 가지 종류의 센서 조합은 자세 제어기가 작업을 수행하는 데 사용하는 UAV의 피치, 롤 및 요를 계산하는 데 주로 사용된다. IMU는 또한 드론의 위치를 계산하는 데 사용될 수 있지만, 현재 소비자 등급의 드론에 있는 잡음이 많은 MEME 기반 센서는 이중 통합 오류가 발생하기 때문에 이를 허용하지 않는다. 오늘날 대부분의 IMU 센서는 내부 센서 융합 및 캘리브레이션 기능을 제공하므로 원시 센서 출력 대신 작업이 가능한 깨끗한 데이터를 제공한다. IMU는 일반적으로 자동항법장치 보드에 내장되어 있지만 EMI로부터 멀리 떨어져 있는 외부 지자계 센서도 있다. 최신 자동항법장치는 이중화를 위해 각 센서를 2개 이상 보유하고 있고, 여러 소스의 데이터를 결합하여 정확성을 높이고 있다.

11. 기압계(Barometer)

기압계는 일반적으로 자동항법장치 보드에 내장되어 있으며 고도가 계산되는 대기압에 대한 기압을 제공한다. 센서가 제공하는 데이터는 온도, 날씨에 매우 의존적이지만 일시적인 상대적 차이를 계산하기에 정확하므로 고도 제어에 크게 사용된다. 고도 데이터도 GPS에 의해 주어지는데 이는 응답이 좋지 않지만 기본적으로 좋은 절대고도를 얻을 수 있다. 두 고도 측정 방법을 결합하면 정확하고 응답성 있는 결과를 얻을 수 있다.

12. 광학 플로우 센서(Optical Flow Sensor)

광학 플로우 센서는 일반적으로 초음파 근접 센서와 카메라의 조합이다. 컴퓨터 마우스와 아주 흡사하게 동작한다. 픽셀 이동을 계산하여 속도 데이터를 제공한다. 지상에서 최대 10m의 단거리에서만 작동하며 주로 실내 위치 제어에 사용되지만 자동 착륙, 이륙 및 더욱 정밀한 저속 비행에도 사용된다.

13. 비행 속도 센서(Airspeed sensor)

고정익의 상승과 공중에 머무를 수 있는 능력은 GPS가 제공하는 지상 속도가 아니라 날개의 모양에 달려 있다. 이것은 날개 윗면과 날개 반대 면에 대해 큰 차이를 만든다. 날개는 원하는 비행속도를 가지며 비행속도 가까이의 매우 좁은 범위 내에서 머물도록 설계했다. 더 천천히 가면 떨어지고, (프로펠러를 빠르게 함으로써) 더 빨리 가려하면 올라간다. 속도를 정밀하게 제어해야 하므로 속도 센서는 드론과 같은 어떤 비행기에 대해서도 의무적으로 사용된다.

14. 근접 센서(Proximity Sensors)

초음파 근접 센서, 이 작은 센서는 가장 짧은 거리를 측정하는 가장 저렴한 방법이다. 그들은 센서에 의해 방출되고 반사된 초음파의 도달 시간을 계산함으로써 작동한다. 이러한 센서는 장애물 회피에 사용될 수 있다.

■ 라이더 근접 센서(Lidar Proximity Sensor)

라이더 근접 센서는 레이저 빔을 통해 거리를 측정한다. 이 센서는 약 70미터까지의 더 먼 거리를 정확하게 측정하기에 적합하다. 이 센서는 가격에 올랐지만 정확한 지상거리 측정에 매우 유용하며 착륙을 위해 고정익 항공기에서 사용된다.

■ 위성 항법 수신기(Satellite Navigation Receivers)

위성 항법 장치는 드론의 실외 위치 제어에 사용된다. 따라서, 포지션 홀드, 임무수행 및 비행을 도와 모든 일에 대하여 사용된다. 당신은 아마 GPS에 대해 알고 있지만 GPS가 유일한 위성 항해 시스템이 아니라는 것을 알고 있는가?

2020년경에는 2개의 다른 위성 항법 시스템과 2개의 글로벌 내비게이션 위성 항법 시스템이 운영될 예정이다. 그것들은 미국-GPS, 러시아-GLONASS, 중국-BeiDou(~2020), EU의 갈릴레오(~2020)이다. 개발중인 또한 몇 가지 지역 항해 위성 항법 시스템이 있다. 이것은 수신기를 선택할 때 중요하다. GPS 수신기도 2 m까지 충분히 정확하며, 수정 시간은 30초 미만으로 적게 걸린다. 그러나 GPS 및 GLONASS 항법 시스템을 모두 사용하는 수신기에 투자하면 정확한 데이터를 출력하기 위해 필요한 GPS 위성수가 충분하지 않은 이 어려운 시기에 도움이 될 수 있다.

네비게이션 위성은 20,000 km(12,000마일)의 거리에 있다. 이는 우리에게 도달하는 신호가 매우 약해 쉽게 차단된다는 것을 의미한다. 건물, 나무, 금속 및 심지어 구름은 GPS 가시성을 차단할 수 있다. 이러한 것들을 염두에 두고 드론을 안전하게 유지해야 하며 그러한 지역에서 비행할 때는 매우 주의해야 한다.

이것에 또 다른 단점이 있다. 위성항법 신호는 매우 쉽게 재밍될 수 있다. 이 재밍은 의도적으로 또는 EMI에서 발생할 수 있다. 의도적으로 위성항법 신호를 방해하는 것은 불법이지만 1 Watt 잼머가 30 km 반경의 신호를 차단할 수 있다는 것을 알고 있는 것이 좋다. 그러므로 위성항법 수신기는 1.4~1.6 GHz 범위의 작은 방사기로도 드론을 끌 수 있기 때문에 모든 전자 장치에서 멀리 떨어져 있어야 한다. 내가 가진 좋은 사례는 드론 중 하나에 라즈베리파이와 그 카메라를 사용하는 것이다. 내 드론은 수풀과 창고 창문 쪽으로 몇 번이나 엉뚱한 방향으로 갔었다. 인내를 가지고 정보를 수집한 후, 뭔가 내 GPS 비행이 재밍되었다는 것을 발견했다. 많은 시간 동안 실험을 한 결과 라즈베리파이 카메라가 신호를 차단하고 무엇으로도 이를 고칠 수 없음을 발견했다. 심지어는 GPS 수신기에서 2 m 떨어진 곳에 놓고도 차폐되었다.

■ 열화상 센서(Thermal Imaging Sensor)

포식자와 같은 시력을 가진 드론을 만들기 위해서는 열화상 센서가 필요하다. 적외선 열화상 카메라와 저렴한 적외선(IR) "야간 투시경" 카메라를 혼동하지 마라. 그것들은 적외선 필터가 없는 일반 카메라로 인간이 보는 단파 적외선을 보게 하지만 우리 주변의 물체의 열로부터 방출되는 같은 장파 적외선은 아니다. 다른 말로하면 저렴한 적외선 "야간경" 카메라가 야간에 직접 IR 빛을 주면 보인다. 그것들은 IR 조명으로 도둑을 밝히는 보안 카메라로 사용된다.

열화상 센서는 피사체의 열이 방출하는 빛을 모으기 때문에 야간에도 보인다. 이 센서는 값은 수십만 달러가 된다. 그들의 사용은 또한 군대에 의해 제한된다. 그러나 저렴한 열 센서가 곧 출시될 예정이다. 그러한 예로 약 200달러에 구입할 수 있는 Flir Lepton 카메라가 있다. 그것은 80×60의 해상도를 가지고 있지만, 그것은 야간 비행을 구별하기에 충분하고 피사체를 구분하기에 충분하다.

■ **멀티스펙트럼 이미지 센서(Multispectral Imaging Sensor)**

멀티스펙트럼 카메라는 드론 산업을 통해 급성장하고 있다. 특별히 선택된 좁은 파장의 이미지를 캡처하도록 설계되었다. 드론에서 가장 널리 사용되는 것은 성장 및 바이오매스를 측정하기 위한 농업 분야이다. 그것은 매우 간단한 개념으로 성장을 측정한다. 광합성을 하는 동안 식물은 청색과 적색 빛의 대부분을 흡수하고 녹색과 일부 보이지 않는 스펙트(유령)를 반사한다. 이것이 나뭇잎이 녹색으로 보이는 이유이다. 흡착된 빛과 반사된 빛의 스펙트럼을 비교함으로써 식물의 엽록소 수치에 대한 정보를 얻을 수 있다. 비슷한 방법으로 식물의 바이오매스(생물량)와 물도 정보를 얻을 수 있다.

15. 라이더(LIDAR)

이들은 여러 개의 레이저를 사용하여 3D 스캔을 한다. 이러한 카메라는 상세한 3D지도를 제작할 때 매우 정확하며 고급 응용 프로그램에 사용된다. 그들 중 대부분은 적어도 몇 kg의 무게가 나가고 수십만 달러가 든다.

16. I2C(내부 집적 회로)

I2C는 다중 마스터 다중 슬레이브 직렬 버스이다. 통신에는 SDA(신호선)와 SCL(클럭선)의 두 개의 선만 있으면 된다. I2C는 센서와 장치 간의 통신에 자주 사용되며 대부분의 마이크로 컨트롤러에서 지원된다. 대부분의 자동항법장치는 I2C를 사용하여 센서에서 데이터를 수집한다. 다른 프로토콜에 비해 I2C를 사용하면 많은 장치에 연결할 때 단 두 개의 선만 있으면 된다.

17. SPI

직렬 주변 장치 인터페이스 버스는 임베디드 시스템에 사용되는 마스터-슬레이브 아키텍처와 전이중 직렬 통신이다. SPI는 SCLK(clock), MISO (master in slave out), MOSI(master out slave in) 및 SS(Slave select)를 필요로 하는 4신호 버스이다. SCL, MISO 및 MOSI는 모든 연결된 슬레이브 사이의 공통 신호이며 단일 슬레이브 마다 SS 신호가 필요하다. 4개의 전선을 요구하면 많은 장치를 연결하는데 불편한 선택이 되지만 높은 대역폭으로 인해 속도가 많이 소요되는 애플리케이션에 적합하다. SPI는 메모리 카드와 카메라, 디스플레이 등에 자주 사용된다.

18. UART

범용 비동기 수신/송신기는 가장 간단하고 가장 많이 사용되는 직렬 프로토콜 중 하나이다. 그것은 전송(TX)과 데이터 수신(RX)을 위해 하나의 데이터 라인을 사용한다. UART는 단순성이 뛰어나며 단일 장치에 연결하는 데 적합하다. 그러나 각각의 새 장치에 대해 두 개의 개별 선이 필요하므로 많은 장치에 연결하는 것이 불편하다. 또한 속도가 매우 제한적이다.

19. UAVCAN – 미래

현대의 드론 또는 비행 로봇은 자동항법장치(Autopilot), GPS, RC 등 다양한 하드웨어 유닛을 갖추고 있다. 다양한 종류의 장치를 상호 연결하는 일반적인 방법이 없으므로 각 하드웨어 장치가 자체의 인터페이스를 구현하는 경향이 있다. 이것은 새로운 주변기기들을 열심히 지원한다. 그럼에도 불구하고 자동항법장치(autopilots)는 다양한 주변장치를 위해 다양한 인터페이스를 갖춰야 하며, 현재 사용되고 있는 인터페이스의 대부분은 단순이 신뢰성이 높고 항공기(UAV) 용도에 적합하도록 설계되지는 않았다.

CAN(Controller Area Network)은 자동차 산업용으로 설계되었다. 노드 연결을 위한 multi-master(다중 마스터) 직렬버스표준이다. CAN 네트워크에 통신을 하려면 두 개 이상의 노드가 필요하다. 모든 노드는 두 개의 와이어 버스를 통해 서로 연결된다. 이 설계로 인하여 CAN은 많은 장치와 장거리를 연결하는 기기에 적합하다. 다중 노드 시스템은 훨씬 더 신뢰할 수 있다.

UAVCAN은 드론을 위한 내부 통신 측면에서 미래의 모습이다.

UAVCAN 핵심 설계 목표 : UAV 하드웨어 제조업체에 적합한 프로토콜 표준을 제공한다.

- 고도의 안정적인 시스템을 위해 이중화 물리적 인터페이스와 중복 노드를 지원
- 계산 기능이 제한적인 임베디드 시스템에서 구현하기 쉽고 사용하기 쉽다.

  일반적인 작업에 대한 지원을 명시적으로 정의한다.

현재, UAVCan을 지원하는 주변 장치는 거의 없지만, 커뮤니티가 이러한 변화를 추진하고 있고, 바라건대 차세대 드론 주변 장치들이 그것을 실행하고 있을 것이다.

20. RC

드론을 제어하는 오래된 방법은 원격 제어를 통해서이다. 구식이라 할지라도 코드가 고장나면 당신의 드론을 구할 수 있다. 수동 제어로 돌아갈 필요가 있는 경우 원격제어의 필요성을 과소평가하지 마라.

■ 텔레메트리(원격측정)

텔레메트리는 드론과 지상 사이의 직접적인 데이터 연결이다. 구식 무선통신 또는 Wi-Fi를 기반으로 할 수 있다. 3D로보틱스와 같은 단순한 텔레메트리 무선통신은 최대 1 km까지 데이터 링크를 전송할 수 있다. 더 진보된 무선통신은 30 km 동안 데이터와 비디오를 제공한다. 이러한 통신을 사용하는 이유 중 하나는 다른 링크와 비교할 때 매우 짧은 지연 시간이다. Wi-Fi는 속도 및 범용으로 뛰어나지만 최대 2 km의 짧은 링크만 제공하며, 대기 시간이 길어 빨리 결단을 내리는 작업에는 적합하지 않다.

■ 클라우드(Cloud)

클라우드 연결성이 뛰어나 드론에 무한한 가능성을 제공한다. 그것은 매우 먼 거리에서 원격 측정을 위해 사용될 수 있으며, 컴퓨터 능력을 위해 또는 단순히 모니터링용으로 사용할 수 있다.

21. 부조종사(Co-pilots)

싱글보드 컴퓨터는 훌륭한 성능을 제공한다. 많은 다른 것들 사이에서 라즈베리파이(Raspberry Pi), 비글본(BeagleBone), 오드로이드(Odroid)가 자동항법장치(autopilot) 보드의 신뢰성 하에서 높은 수준의 특징을 제공할 수 있다. 훌륭한 조합! 만약, 당신이 픽스호크(Pixhawk)를 사용하는 경우라면, 라즈베리파이(Raspberry Pi)를 같이 사용하여 3G를 통해 드론의 연결을 제공하거나 비행 기본 사항에 대해 걱정하지 않고 고급 이미지 기반 알고리즘을 구축할 수 있다.

국내 드론 사이트

- 드론코드 프로젝트에 관한 기사
  http://www.itnews.or.kr/?p=10395
- 각종 센서 정보와 센서 융합 개념 정리
  http://www.focus.kr/view.php?key=2016040700130054538
- 쿼드 로터의 수학적 모델링 방법
  http://cafe.naver.com/openrt/7332
- PID 제어에 관한 설명
  http://blog.naver.com/09yellow/36663711
- 10가지 드론 비행 모드의 정리
  http://www.internetmap.kr/1504
- 전체 드론의 구성요소에 간단한 소개
  http://www.internetmap.kr/1740
- RC에 대한 요약 정보
  http://blog.naver.com/challenger48/220240588680
- 배터리의 방전율 계산 방법에 정리
  http://cafe.naver.com/kickboy7/6837
- 항공용어 사전
  http://kin.naver.com/qna/detail.nhn?d1id= 8&dirId=81205&docId=37226501&qb=6riw7LK07KKM7ZGc6rOEIGJvZHkgZnJhbWU=&enc=utf8&section=kin&rank=2&search_sort=0&spq=0&pid=T673tlpVuFRssskUHgVssssstd-173223&sid=d%2BD82JqFkjZxYR0C5tj5Pg%3D%3D

용어 정의

※ 이 책에서 어려운 용어가 처음 나오면 네이버 지식백과의 용어 설명을 그대로 인용하여 그 단어 다음의 괄호 안에 이탤릭체로 추가하였음. 또한, 이 책에 나온 그 용어들을 모두 아래에 함께 묶어 정리하여 용어 인덱스로서 활용하도록 함.

- **가속도 센서(acceleration sensor)** : 가속도 센서는 출력신호를 처리하여 물체의 가속도, 진동, 충격 등의 동적 힘을 측정하는 것이다. 물체의 운동 상태를 상세하게 감지할 수 있으므로 활용 분야가 아주 넓고, 갖가지 용도로 사용되고 있다. 자동차, 기차, 선박, 비행기 등 각종 수송수단, 공장 자동화 및 로봇 등의 제어 시스템에 있어서는 필수적인 센서이다.
- **각속도(angular velocity)** : 회전 운동을 하는 물체의 속도를 알기 위해 단위 시간당 회전하는 각도를 나타내는 값
- **각운동량(angular momentum)** : 회전운동하는 물체의 운동량을 가리킴. 물체의 운동량과 물체와 회전축 사이의 거리를 곱한 값으로 표현하는 벡터량임.
- **고도유지(altitude holding)** : 기압계나 초음파 센서를 이용하여 수직의 위치를 잡아주는 기능을 말한다. 텔레메트리(Telemetry)나 GPS 없이도 기압센서를 이용하기 때문에 가능하다.
- **고정자(stator)** : 회전기, 전동기, 발전기 등의 정지한 부분을 말한다.
- **기압계(barometer)** : 대기의 압력을 측정하는 장치로서 기압계의 종류에는 수은 기압계, 자기 기압계, 아네로이드 기압계 등이 있음.
- **기지국(base station)** : 육상 이동국과의 통신 또는 이동 중계국의 중계에 의한 통신을 하기 위하여 육상에 개설하고 이동하지 않는 무선국
- **교번 자계(alternating magnetic field)** : 세기가 시간과 더불어 양 또는 음의 방향으로 증감하고 방향을 바꾸지 않는 자계

- **교차(discrepancy)** : 어떤 양에 대한 2가지의 측정치 차를 말함.
- **권선(winding)** : 전기 기기의 철심에 절연을 하여 감긴 구리 또는 알루미늄선의 코일. 유도 기전력이나 전자력을 발생시킨다.
- **관성 좌표계(earth frame 또는 inertial coordinate system)** : 외부 힘의 작용 없이 입자의 운동량이 보존되는 좌표계를 말한다. 그러므로 관성 좌표계에서만 뉴턴의 운동 제1법칙이 적용된다. 기상학에서 사용되는 좌표계는 거의 대부분 관성 좌표계임.
- **극의 개수(pole count)** : 자석의 극(N 또는 S)에 개수
- **라이더(Lidar)** : 광선 레이저, light detection and ranging의 줄인 말로 레이저 레이더(laser radar)와 같음. 전파에 가까운 성질을 가진 레이저 광선을 사용하여 개발한 레이더라고 볼 수 있음.
- **도체(conductor)** : 전기 또는 열에 대한 저항이 매우 작아 전기나 열을 잘 전달하는 물체. 은, 구리, 알루미늄 등이 있으며, 전도체라고도 함.
- **드리프팅(drifting)** : 음조나 주파수가 시간과 더불어 점차 변화하는 것을 말함.
- **리포 배터리** : 리포는 리튬폴리머의 약어임. 리포 배터리는 드론에 쓰이는 대부분의 배터리를 의미함. 리포 배터리는 중량대비 효율성이 좋음. 리튬이온 전지는 전해질이 액체이지만, 리튬폴리머는 젤(gel)이다. 따라서 리튬이온전지는 액체의 전해질이기 때문에 용기의 밀봉이 중요하다. 따라서 용기의 형상을 만드는데 제약사항이 발생한다. 그러나 리튬폴리머는 젤 타입의 전해질이기 때문에 용기의 형상을 좀 더 자유롭게 제작이 가능하다. 또한 액체 전해질의 경우에는 폭발의 위험성이 있지만, 반고체 상태인 젤의 경우에는 폭발 위험이 없으며 단지 조금 부풀어 오르는 정도이다.

  드론의 전원으로 LiPo 배터리를 주로 사용하는 것은 가볍기 때문이다. 가격이 저렴한 NiMH 배터리도 가능하지만 LiPo에 비해 무겁다. LiPo 배터리는 셀 단위를 표시하는데 1개의 셀은 3.7 V이고 배터리 팩에 10개의 셀이 직렬로 연결되어 있다면 이 배터리 팩은 37 V의 전원을 공급한다. 많이 사용하는 3SP1은 3개의 셀이 직렬로 연결되어 11.1 V를 의미한다. 레이싱

쿼드는 배터리 용량이 1000~1800 mAh이고 3셀 또는 4셀을 주로 사용한다. 4셀은 더 많은 파워와 스피드를 제공할 수 있지만 복합적인 사항을 고려해야 한다.

- **마그네토미터(magnetometer)** : 지구주위에 일정하게 남북으로 분포된 자장을 측정함으로써, 자북 방향을 기준으로 자세각을 측정하는 장치이다.
- **멀티콥터** : 다수의 날개에 의해 추진되는 회전날개 항공기
- **멀티로터(multirotor)** : 다수의 프로펠러가 장착된 헬기
- **모터(motor)** : 전력을 받아서 회전하고, 그 축에 회전력을 발생시키는 동력 기계. 공급되는 전기 방식에 따라 직류용·단상 교류용·3상 교류용 등이 있다.
- **바이어스(bias)** : 전자관이나 트랜지스터의 동작 기준점을 정하기 위하여 신호전극 등에 가하는 전압 또는 전류. 이 전압을 독립적인 전원에서 주는 것을 고정 바이어스, 회로의 동작전류를 이용해서 만드는 것을 자체 바이어스라 함.
- **방위(heading)** :항공기 등의 진로 방향, 기수(선수) 방위를 말한다. 진북을 기준으로 한 것을 기수 진방위(true heading), 자북을 기준으로 한 것을 기수 자방위(magnetic heading)이라 한다. 기축을 기준으로 해서 목표를 그 상대 방위(relative heading)로 나타내기도 한다.
- **방전율(discharge rate)** : 전지의 정격용량을 사용 완료하는 속도. 방전율이 높다는 것은 대전류로 빠르게 사용 완료하는 것을 의미한다. 실용적으로는 전지의 정격용량 단위 Ah(암페어시)을 1시간 동안에 사용 완료하는 방전율을 1 C 방전이라 하며 10시간에 사용 완료하면 0.1 C방전이다. 정격용량을 어느 정도 사용하였는가를 표시하는 방전심도(DOD)와 혼동하면 안 된다.
- **보상필터(complimentary filter)** : 특히 보상 회로망, 즉 감쇠 등화기나 위상 보상회로용으로 사용되는 필터를 말한다.
- **부동(floating)** : 축전지를 그 기전력보다 약간 높은 전압으로 충전해 가면서 병렬로 전류를 출력하여 사용하는 것. 이것은 전원의 변동을 축전지가

흡수하여 언제나 일정한 전압을 부하에 가한다.

- **부하전류**(load current) : 부하전류는 변압기나 전동기에 부하를 걸었을 경우에 흐르는 전류를 말하며, 부하가 커지면 전류도 커진다. 부하를 건다는 것은 예를 들면 변압기라면, 그 2차 측에 전등을 부착해 점등하거나, 용접기를 접속시켜 아크를 발생시키거나, 전동기를 접속시켜 회전시키는 것 들이다.
- **베어링**(bearing) : 회전하고 있는 기계의 축을 일정한 위치에 고정시키고 축의 자중과 축에 걸리는 하중을 지지하면서 축을 회전시키는 역할을 하는 기계요소
- **벨**(bell) : 교류 또는 직류로 동작하는 전자석으로 쇠망치를 기계적으로 진동시켜, 종을 두드려서 울리게 하는 장치
- **비행 영역선도**(flight envelope) : 속력, 고도, 엔진 추력 등 비행기의 기술적 능력과 관련된 것을 기술하고 규정한 flight envelope를 말한다. flight envelope는 비행체의 비행활동에 대한 도면상의 선형 그림으로 '비행 영역선도'라고 한다. 비행기가 속도 등에서 규정된 한계를 넘어서 비행할 때, 그것은 outside the envelope라고 한다.
- **소나**(sonar) : 수중 음파 탐지기, sound navigation and ranging의 줄임말, 좁은 뜻으로는 수중 청음기·음향 탐신기를 말함.
- **수평비행**(level flight) : 항공기에 작용하는 양력, 중력, 추력, 항력의 4가지 힘이 균형을 이룰 때 항공기는 수평비행(등속도 비행)을 하는데, 이때의 상태를 이르는 말
- **스로틀**(throttle) : 엔진 조종 레버. 속도와 추진력을 조절한다.
- **스로틀 제어**(throttle control) : 주로 자동차 경주나 비행 시뮬레이션 게임에 사용되는 장치. 속도와 추진력 등을 제어한다.
- **스위치 주파수**(switching frequency) : 전력변환기로서 소자가 온·오프를 일회씩 실시하는 단위를 1주기로 하였을 때의 1초간의 주기의 수. 스위칭 주파수는 회로의 고조파와 변환기의 손실에 영향을 준다.
- **센서 융합**(sensor fusion) : 로봇의 각종 외계 센서에서 오는 정보를 통합

또는 융합함으로써 새로운 정보를 얻는 것.

- **암페어 시간(ampere-hour, Ah, AHr)** : 전하의 단위이다. 하부 단위로 mAh(밀리암페어시), mAs(밀리암페어 초)가 있다. 1 암페어시는 3,600 쿨롱(암페어 초)과 동일하며 이는 1초에 1 암페어로 전송되는 전하이다. 암페어시는 전기 도금, 전지와 같은 전기화학계의 측정에 자주 사용된다. 일반적으로 볼 수 있는 1 밀리암페어시(mAh)는 1 암페어시의 1/1000(3.6 쿨롱)이다. 밀리암페어시는 스마트폰 배터리 용량 표시 단위이기도 하다.
- **암페어(Ah)** : 배터리의 공급 가능 용량을 표기하는 능력으로 배터리가 일정하게 공급해 줄 수 있는 전류(암페어)의 양. 80 Ah란 뜻은, 4 A(암페어)의 전류를 20시간동안 출력할 수 있다는 뜻임. 따라서 같은 전류를 방전할 때, Ah가 큰 배터리가 더 오랫동안 방전할 수 있음.
- **외적(outer product)** : 외적은 교차곱(cross product)이나 벡터곱(vector product)이라고도 한다. 외적은 3차원 벡터공간에서만 정의됨.
- **오버슈트(overshoot)** : 제어계의 특성을 나타내는 양으로, 단위 계단형 입력에 대하여 제어량이 목표 값을 초과한 후 최초로 취하는 과도 편차의 극치이다. 이것은 최종값의 25% 이내로 억제하는 것이 보통이다.
- **요(Yaw)** : 로봇, 비행체, 드론 등의 자세를 의미하는 각도는 롤(Roll), 피치(Pitch), 요(Yaw)로 나타낸다. 비행기의 항법 장치에 필수적인 요소이다. 요(Yaw)는 z축 방향 회전을 의미한다. Yaw의 회전축은 z축 방향, 즉 중력 방향과 같다. 따라서 가속도 센서보다는 자이로 센서의 z축 값을 측정해서 이 값을 이용해 yaw 값을 계산하고 드리프트(drift)되는 오차를 보상하는 다른 센서를 추가적으로 사용하는데, 바로 지자기 센서이다. 3축 지자기 센서를 적용해서 요 방향을 측정하는 것이다.
- **위성항법 시스템(Global Positioning System)** : 위성항법 시스템은 인공위성을 이용한 위치 및 시각 결정 시스템이다. GPS의 기본적인 목적은 지상, 해상 및 공중에서 사용자의 위치를 시각 및 기상상황에 관계없이 계속적으로 측정이 가능하도록 하는 것이며 우주공간에서의 항법을 위해서도 쓰이고 있다. 처음에는 군사적인 목적에 의해서 개발되었으나 시스템 구성

이 완료된 현재에는 민간용으로도 폭넓게 활용되고 있고 새로운 응용분야가 많이 개발되고 있다.

- **위성 배치(Satellite Constellation)** : GPS에서 전체 24개를 위해 (21개의 작동, 3개의 예비위성) 궤도당 3~4개의 위성을 가지고 20,200 km의 고도에서 적도에 55°로 경사를 둔 6개의 궤도상에 위성이 완전히 배치된 상태를 말한다.
- **웨이포인트(waypoint, 지상점)** : 지역항법(RNAV) 항로 또는 지역항법을 이용한 항공기의 비행경로를 규정하기 위하여 사용하는 특정한 지리적 위치로서 VOR/TAC 무선국이나 위도/경도 등을 기준으로 하여 나타냄.
- **유도 전압(induced voltage)** : 도체에 시간에 따라 변화하는 전자기장을 가할 때 도체 내부에 유도되는 전압을 말한다.
- **열적 전류 정격(thermal current rating)** : 중성점 접지 장치에 있어서, 표준 상태로 정해진 시간, 표준의 제한 온도를 초과하는 일 없이 통전할 수 있는 중성점 전류의 실효 값
- **엑스플로잇(exploits)** : IT 시스템의 취약점을 공격하여 보안을 위협하는 방법으로 서비스 거부 공격, 원격 명령어 실행, 버퍼 오버플로우 공격 등이 있음.
- **자기장(magnetic field)** : 자석이나 전류, 변화하는 전기장 등의 주위에 자기력이 작용하는 공간으로, 자계 또는 자장이라고도 한다.
- **자력계(magnetometer)** : 자기 탐지기, 자계 및 자기 모멘트의 계측기
- **자북(magnetic north)** : 자기 나침반에 나타나는 북쪽
- **자동항법장치(autopilot)** : 자동비행장치로, 항공기의 자세를 안정화하고 상승 및 선회 등을 제어하며, 항법 장치에서 위치 정보를 받아 자동적으로 항공기를 조종해 목적지까지 비행시키는 기능을 가진다.
- **자세(attitude)** : 로켓, 인공위성 등과 같은 우주선에 고정되어 있는 기준축과 특정 기준 좌표계의 상대적 관계. 우주선에 고정되어 있는 기준축의 예로는 선박, 항공기에 이용되고 있는 롤축, 피치축 및 요축이 있다. 항공기의 경우는, 원점을 무게 중심으로 하고 피치축은 오른쪽 방향, 요축은 아

래 방향으로 기체를 고정한다.

- **자세방위기준장치(AHRS : Attitude Heading Reference System)** : 3축 운동 방향으로 자이로스코프, 가속도계, 마그네토미터를 결합함으로써 자세 각을 측정하는 장치임.
- **자세 지시계(attitude indicator)** : 조종사에게 피칭과 롤링에 대한 항공기의 자세를 지시해주는 자이로 비행계기. 자동 조종 장치에서 자세 지시계는 수평 비행 자세로부터 변화를 탐지하는 감지 장치이다.
- **자세 제어(attitude control)** : 우주선이나 인공위성 따위가 우주 공간 속에서 자기의 자세를 정확하게 정하는 일. 특히 무인 항공기나 인공위성의 경우 비행 자세를 자동적으로 제어·수정한다. 항공기 또는 미사일을 원하는 자세로 유지하게 하는 것.
- **자이로스코프(gyroscope)** : 물리적인 현상인 자이로 효과(gyro effect)를 이용하여 항공기의 상대적인 자세를 자세각의 변화율(angle rate)의 형태로 측정하는 장치이다.
- **자이로 센서(gyro sensor, gyroscope)** : 기본적으로 회전하는 물체의 역학운동을 이용한 개념으로 위치 측정과 방향 설정 등에 활용되는 기술이다. 스마트폰, 리모컨, 비행기나 위성의 자세제어 장치 등에 광범위하게 사용된다.
- **전류(current)** : 전하가 이동하는 현상을 표현하는 것으로, 양전하 이동의 방향이 전류의 방향이다. 단위 시간에 어떤 면을 통하여 이동하는 전하의 총량을 그 면을 통하는 전류의 세기 또는 단지 전류라고 한다. 실용 단위는 암페어[A]이다.
- **전원분리(power distribution, 배전)** : 전류를 여러 곳으로 나누어 보냄.
- **절연체(isolator)** : 어떤 신호경로 중간에 isolator가 위치하면 한쪽 방향으로는 전력이 전달되고, 나머지 반대방향으로는 전력이 전달되지 않는다는 의미함.
- **정규 식생 지수(NDVI : Normalised Difference Vegetation Index)** : 정규 식생 지수는 영상 처리 기술로서 식생의 유·무를 강조하는 데 사용

되는 기술이다. 이것은 근적외선과 적색광 밴드 사이의 값의 차이를 두 밴드를 합한 값으로 나누어서 계산한다.

- **정자기장**(static magnetic field) : 정지한 자석 또는 정상 전류가 흐르는 정지한 도체 주위에 형성되는 자기장을 말하며, 시간적으로 일정하다.
- **정지 추력**(static thrust) : 항공기가 정지하고 있을 때 발생하는 추력. 비행 시에는 그 속도에 따라서 추력이 달라지므로 보통 정지 추력을 비교의 기준으로 삼고 있다.
- **조정기**(regulator) : 원하는 값을 미리 정해진 값으로 유지하는, 혹은 미리 정해진 계획에 따라서 변화해 가도록 하는 장치
- **주파수 호핑**(frequency hopping) : 다원 접속에 사용하는 변조의 기법. 주파수 호핑 시스템은 송신되는 정보의 샘플링 비율과 같거나 그보다 낮은 비율에서의 송신 주파수의 스위칭을 사용한다. 송신되어야 할 특정 주파수의 선택은 일정한 순번으로 행하거나 넓은 대역폭을 커버하는 1조의 주파수에서 의사 랜덤한 방법으로 할 수 있다. 원하는 수신기는 원하는 정보를 검색하기 위해 송신기와 같은 방법으로 주파수 호핑을 한다.
- **지연 속도**(latency) : 네트워크에서의 지연 속도는 하나의 데이터 패킷이 한 지점에서 다른 지점으로 보내는 데 소요되는 시간
- **지자계**(earth magnetic field) : 지구상의 임의 지점에 자침을 놓으면 거의 남북을 가리키는 것은 부근의 공간이 하나의 자계를 형성하고 있는 것을 의미하는 것으로서, 이것을 지자계라 한다.
- **지지대**(mount) : 항공기의 각종 부품을 장착할 수 있도록 설계된 장치대. 반도체 펠릿을 와이어 본딩에 앞서 리드 프레임이나 스템 상의 도체층 위에 접착하는 것. 접촉에는 도전성 에폭시, 땜납, 또는 금과 실리콘의 공정 등이 쓰인다.
- **짐벌**(gimbals) : 나침반의 수평 유지 장치
- **차단 주파수**(cut-off frequency) : 필터 장치 등의 주파수 특성이 기준 주파수에 대한 값에 대하여 정해진 값만큼 저하시킨 값의 주파수
- **착탄**(carbonization) : 토륨 텅스텐 음극에서 미리 표면에 W2C 또는 WC

의 탄화층을 만들어 두면 토륨의 증발을 방지하고 전자 방출을 안정하게 하는 효과가 있다. 이 조작을 착탄이라 한다. 착탄방법은 벤젠, 나프탈린 등의 증기 내에서 텅스텐선을 2,000~2,200˚K 정도로 극히 짧은 시간 가열한다.

- **컴퓨터 수치제어(CNC : computer numerical control)** : 기계를 만드는 기계인 공작기계를 자동화한 것이 NC 공작기계다. NC 공작기계는 정밀하게 기계를 가공할 수 있지만 내장된 기능과 방법이 고정돼 간혹 오동작을 일으키기도 한다. CNC 공작기계는 컴퓨터를 내장해 프로그램을 조정할 수 있어 오동작을 크게 줄일 수 있다.
- **파손 안전(fail safe)** : 구조 요소 일부에 파손이 발생해도 항공기 구조물 전체의 안전성을 유지하여 여객과 항공기를 안전하게 착륙시킬 수 있도록 하는 구조 설계 방법
- **폴리머(polymer)** : 한 종류 또는 수 종류의 구성단위가 서로에게 많은 수의 화학결합으로 중합되어 연결되어 있는 분자로 되어 있는 화합물이다. 구성단위를 단량체라고 하고, 중합도에 따라 이량체, 삼량체 등이라고 한다. 중합도가 큰 거대 분자를 고중합체라고 하고, 고분자 화합물(분자량이 1만 이상의 화합물)과 같은 의미로 사용되는 경우가 많다.
- **프로펠러 피치(propeller pitch)** : 프로펠러가 움직이지 않는 가상적인 유체 속에서 1회전할 때 전진하는 거리
- **피에조(piezo)** : 특정 방향으로 압력을 가하면 결정체의 표면에서 전기가 발생하는 성질을 이용한 것으로 압력계에 사용되며, 폭발 등의 급격한 압력변화 측정에 쓰임.
- **피치(Pitch)** : 요(Yaw)는 z축 방향 회전을 의미하고, 롤(Roll)은 좌우로 회전하는 것을 의미한다. 자동차로 표현해보면 피치(Pitch)는 자동차가 브레이크를 잡아서 앞으로 쏠릴 때 기울어지는 방향을 의미한다. 이러한 자세 측정에는 그 기준이 있다. 즉, 중력방향을 기준으로 얼마나 기울어져 있는지를 나타내는 값이 롤(Roll), 피치(Pitch)이다. 롤과 피치를 측정하기 위해 사용하는 센서가 바로 가속도 센서와 자이로 센서이다.

정지상태의 긴 시간의 관점에서 보면 가속도 센서에 의해 계산된 기울어진 각도는 올바른 값을 보여주지만 자이로 센서에서는 시간이 지날수록 틀린 값을 보인다. 반대로, 움직이는 짧은 시간의 관점에서 자이로 센서는 올바른 값을 보였지만 가속도 센서는 기울어진 각도와는 다른 계산 값이 나올 수 있다. 따라서 가속도 센서와 자이로 센서를 모두 사용해서 각각의 단점을 보상할 수 있는 알고리즘을 적용해서 롤 또는 피치 값을 계산한다. 많이 적용하는 보상 방법 및 필터링으로는 칼만 필터가 있다.

- **항공정보**(notice to airman) : 승무원용 항공정보. 약어는 NOTAM. 항법시설, 서비스, 절차 및 위험에서 비행운용에 관련된 인원이 필수적으로 적시에 알아야 할 요소, 상태 또는 정보를 포함하는 고시(ICAO). 비행을 수행하는 조종사의 결심에 영향을 줄 수 있는 항공정보
- **항속시간**(endurance) : 항공기가 탑재연료로 비행을 계속할 수 있는 시간
- **홀 센서**(Hall sensor) : 홀 센서는 전류가 흐르는 도체에 자기장을 걸어주면 전류와 자기장에 수직 방향으로 전압이 발생하는 홀 효과를 이용하여 자기장의 방향과 크기를 알아냄.
- **홀 효과**(Hall effect) : 자기장 속의 도체에서 자기장의 직각방향으로 전류가 흐르면, 자기장과 전류 모두에 직각방향으로 전기장이 나타나는 현상
- ESC(**전자 속도 제어, 변속기**, Electronic Speed Controls) : 배터리 전원을 입력받아 3상 주파수를 발생시켜 모터를 제어하는 보드다. 직류 모터는 직류 전류를 사용하지만, 브러시리스(Brushless) 모터는 3상전류를 사용해야 하기 때문에 ESC가 필요하다. ESC는 모터 회전을 위해서 지속적으로 다른 위상의 고주파 신호를 만들어 모터에 인가한다. ESC는 물론 배터리의 전원을 모터에 제공하는 역할을 한다.
- FPV(First Person View, **1인칭 시점**) : RC 비행기나 드론을 비행하며 영상을 고글을 통해 실시간으로 보면서 조종하는 기능을 말한다. 즉, 사용자가 드론이나 비행체의 눈이 되어 운항을 하도록 하는 장비 및 기능을 말하며, 무인항공기(UAV)의 하위 기술에 속한다. 기존의 R/C 및 드론 조작 방식은 멀리서 그 기체를 직접 눈으로 보면서 무선조종을 하는 방식이기 때

문에 가시거리에 한계가 있음.

- **git** : git은 svn, cvs와 비슷한 소스 관리 프로그램의 일종임.
- **MEMS(micro electro mechanical systems)** : 미세 전자기계 시스템, 멤스(MEMS)란 미세 전자기계 시스템, 미세 전자 제어기술 등으로 불리 우는 것으로, 반도체 공정기술을 기반으로 성립되는 마이크론(㎛)이나 mm 크기의 초소형 정밀기계 제작기술을 말함.
- **repo** : repo는 Python script로 만들어진 tool을 의미함.
- **rpm(revolutions per minute)** : 펌프나 팬 등에서 1분간의 회전 속도를 표시하는 단위
- **PCB(Printed Circuit Board)** : 전기부품을 탑재하고 이들을 회로적으로 연결하는 배선을 형성하여 놓은 회로판
- **PID 제어(proportional integral derivative control)** : 제어 변수와 기준 입력 사이의 오차에 근거하여 계통의 출력이 기준 전압을 유지하도록 하는 피드백 제어의 일종으로, 비례(Proportional) 제어와 비례 적분(Proportional-Integral) 제어, 비례 미분(Proportional-Derivative) 제어를 조합한 것. P 제어(비례)는 기준 신호와 현재 신호 사이의 오차 신호에 적당한 비례 상수 이득을 곱해서 제어 신호를 만든다. I 제어(비례 적분)는 오차 신호를 적분하여 제어 신호를 만드는 적분 제어를 비례 제어에 병렬로 연결해 사용한다. D 제어(비례 미분)는 오차 신호를 미분하여 제어 신호를 만드는 미분 제어를 비례 제어에 병렬로 연결하여 사용한다. 자동화 시스템의 반응을 측정할 뿐 아니라 반응을 제어할 때도 사용되는 제어 방법이며, 온도, 압력, 유량, 회전 속도 등을 제어하기 위해 쓰이며, 과도 상태의 특성 등 PI나 PD 제어의 문제점들을 개선할 수 있다.
- **2중 반전의(counter-rotating)** : 두 개의 같은 종류의 운동 부분이 반대 방향으로 회전

정가 15,000원

개발자를 위한 드론 해부학

2018년 4월 10일 초판 인쇄
2018년 4월 20일 초판 발행
저　자 : Frenzel · Keyes · Nedev · Valerde
역　자 : 진광식 · 김상은
발행자 : 송　준
발행처 : 홍릉과학출판사
주　소 : 서울시 강북구 인수동 455-60
01093
등　록 : 1976년 10월 21일 제5-66호
전　화 : (02) 999-2274~5, 903-7037
팩　스 : (02) 905-6729
e-mail: hongpub@hongpub.co.kr
http://www.hongpub.co.kr
ISBN: 979-11-5600-549-0